福建省属公益类科研机构建设机制研究

丁中文 池敏青 刘宇峰 著

中国农业科学技术出版社

图书在版编目（CIP）数据

福建省属公益类科研机构建设机制研究／丁中文，池敏青，刘宇峰著 .—北京：中国农业科学技术出版社，2021.1

ISBN 978-7-5116-5011-5

Ⅰ.①福… Ⅱ.①丁…②池…③刘… Ⅲ.①科学研究组织机构–研究–福建 Ⅳ.①G322.235.7

中国版本图书馆 CIP 数据核字（2020）第 182028 号

责任编辑　崔改泵
责任校对　李向荣

出 版 者	中国农业科学技术出版社
	北京市中关村南大街 12 号　邮编：100081
电　　话	（010）82109194(出版中心)　（010）82109702(发行部)
	（010）82109709(读者服务部)
传　　真	（010）82109698
网　　址	http://www.castp.cn
经 销 者	各地新华书店
印 刷 者	北京建宏印刷有限公司
开　　本	710mm×1 000mm　1/16
印　　张	13.5
字　　数	221 千字
版　　次	2021 年 1 月第 1 版　2021 年 1 月第 1 次印刷
定　　价	60.00 元

◆版权所有·翻印必究◆

前　言

公益类科研机构是我国事业单位的重要组成部分，在我国社会经济发展中发挥着重要作用。这些科研机构又是事业单位中较为特殊的一个群体，每家机构除了有形的固定资产外，在人才队伍、科技积累、创新文化等方面又有着各自的延续与历史传承，培植很难，散失极易。因此，公益类科研机构的建设（包括新建、转制和撤并等），尤其是撤并应更加规范、慎重和严谨。

中华人民共和国成立后特别是改革开放以来，政府有关部门对新建科研机构的审批管理一直有着较为严格的规定。1997年，中央编办、国家科委出台了《关于科研事业单位机构设置审批事项的通知》（中央编办发〔1997〕14号）。2014年，根据形势发展的需要，中央编办、科技部又出台了《关于进一步完善科研事业单位机构设置审批的通知》（中央编办发〔2014〕3号），对原有相关制度进行了修订。在国家有关部门的政策指导下，福建省对科研事业单位机构设置的审批日趋规范。截至2019年，全省共建有省属科研机构53家，其中公益类科研机构37家，开发类科研机构16家。这些科研机构对推动全省科技创新、服务经济社会发展具有举足轻重的作用。

科研机构的建设是一个动态的调整过程，既有新机构的产生，也包含原有机构的转制或撤并。多年来，随着全面深化改革的不断推进和市场经济的持续发展，福建省属科研机构的体制机制也在不断变革之中。在改革的历史潮流中，科研机构如同鲜活的生命体，同样存在一个产生、发展直至消亡的历程。一方面，围绕新兴产业发展的需要，一些新型科研机构陆续建立；另一方面，一些不适应市场经济需要的研究机构相继消亡，一些具有市场竞争能力的开发型科研机构则主动或被动地实行转制，进入市场，从而退出了公益类科研机构的管理序列。

不可否认的是，目前我国对科研机构的组建与退出所采用的审批管理制度，与 20 年前仍无本质性的区别，依然存在一些问题。如何深入落实党的十九大关于"全面深化改革，推进国家治理体系和治理能力现代化"的总要求，贯彻中办、国办关于科研"三评"改革精神，进一步深化改革，健全科研机构的审批管理体制与机制，促进福建省属公益类科研机构健康稳定发展，显得相当迫切。

  本课题从福建省属科研机构的发展历程入手，从科研"三评"改革的视角，研究分析福建省属公益类科研机构在组建和退出审批管理中存在的问题，提出完善省属科研机构新建和退出机制的对策建议，供有关部门决策参考。

  本课题为福建省属公益类科研院所基本科研专项《省属科研院所新建与退出机制研究》（2019R1032-2）和《福建省属公益类科研院所科技创新能力评估》（2019R1033-4）的部分研究成果，限于水平，不足之处，敬请指正。

著 者

2020 年 9 月

目　　录

第一章　公益类科研机构的基本内涵 …………………………（1）
一、公益类科研机构的界定 ………………………………（1）
（一）国家有关部门的分类 ……………………………（1）
（二）地方改革中的界定 ………………………………（3）
（三）专家学者的研究 …………………………………（5）
二、公益类科研机构的主要属性 …………………………（6）
（一）科研属性 …………………………………………（7）
（二）公益属性 …………………………………………（7）
（三）机构属性 …………………………………………（7）
（四）财政属性 …………………………………………（8）
三、公益类科研机构的定义与范围 ………………………（8）
（一）公益类科研机构的定义 …………………………（9）
（二）公益类科研机构的范围 …………………………（9）

第二章　福建省属科研机构建设的发展历程 ………………（12）
一、福建省属科研机构的组建 ……………………………（12）
（一）1952—1978 年 …………………………………（12）
（二）1978—2000 年 …………………………………（14）
（三）2000 年以来 ……………………………………（16）
二、福建省属科研机构的改制 ……………………………（17）
（一）减拨事业费的试点改革 …………………………（17）
（二）企业化转制的深化改革 …………………………（18）
（三）随主管部门调整而改制 …………………………（20）
三、福建省属科研机构的撤并 ……………………………（20）

（一）随产业结构调整而撤并 …………………………………… (21)
　　（二）缺乏创新与服务能力被撤并 …………………………… (21)
四、福建省属科研机构的整合重组 …………………………………… (22)
　　（一）扩建成立研究院 ………………………………………… (22)
　　（二）重组新的研究所 ………………………………………… (23)
　　（三）整建制转为新科研机构 ………………………………… (23)

第三章　福建省属公益类科研机构现状 …………………………… (25)

一、福建省属公益类科研机构的沿革 ………………………………… (25)
　　（一）名称和研究领域基本未变的机构 ……………………… (26)
　　（二）名称变更但研究领域基本未变的机构 ………………… (26)
　　（三）名称和研究领域大幅变更的机构 ……………………… (29)
二、福建省属公益类科研机构的主要职责 …………………………… (31)
　　（一）引领区域公共基础性科学研究创新 …………………… (31)
　　（二）保障区域现代农业生产的可持续发展 ………………… (32)
　　（三）推动区域重要行业共性技术的进步 …………………… (33)
　　（四）满足区域和谐发展对公共安全技术的需求 …………… (34)
三、福建省属公益类科研机构的基本情况 …………………………… (35)
　　（一）科技人员 ………………………………………………… (35)
　　（二）承担课题 ………………………………………………… (38)
　　（三）科技产出 ………………………………………………… (39)
　　（四）科技平台与仪器设备 …………………………………… (42)
四、福建省属公益类科研机构科技创新的主要问题 ………………… (43)
　　（一）科研机构间创新绩效差异大 …………………………… (43)
　　（二）多数科研机构市场对接能力弱 ………………………… (49)
　　（三）部分科研机构创新能力弱 ……………………………… (52)

第四章　福建省属公益类科研机构发展战略分析 ………………… (55)

一、理论依据及可行性分析 …………………………………………… (55)
二、科研机构发展 SWOT-AHP 分析 ………………………………… (57)
　　（一）内部能力分析 …………………………………………… (57)

（二）外部环境分析 ………………………………………（59）
　　（三）AHP 定量分析 ………………………………………（60）
　　（四）发展战略判断和选择 ………………………………（64）
三、福建省属公益类科研机构战略分析和路径选择 …………（65）
　　（一）增长型发展战略 ……………………………………（66）
　　（二）多元化发展战略 ……………………………………（66）
　　（三）扭转型发展战略 ……………………………………（67）
　　（四）防御型发展战略 ……………………………………（67）

第五章　福建省属科研机构建设的政策分析 …………………（70）
一、省属科研机构组建的审批政策 ……………………………（70）
　　（一）一体审批阶段（1997 年前）………………………（71）
　　（二）区别审批阶段（1997—2014 年）…………………（72）
　　（三）严格审批阶段（2014 年以来）……………………（74）
二、省属科研机构退出的审批政策 ……………………………（75）
三、省属科研机构组建与退出政策的主要问题 ………………（77）
　　（一）缺乏系统的政策依据与评估办法 …………………（77）
　　（二）行政化现象突出 ……………………………………（78）
　　（三）缺乏健全的第三方评审机制 ………………………（80）
　　（四）宏观管理政策不配套 ………………………………（83）
四、省属公益类科研机构的设置与管理问题 …………………（85）
　　（一）滞后于产业发展 ……………………………………（85）
　　（二）主管部门分散 ………………………………………（86）
　　（三）分类管理交叉 ………………………………………（88）
　　（四）绩效考核作用不明显 ………………………………（89）

第六章　完善省属公益类科研机构的组建机制 ………………（92）
一、明确公益类科研机构的组建条件 …………………………（92）
　　（一）外部驱动因素 ………………………………………（93）
　　（二）内部驱动因素 ………………………………………（95）
　　（三）健全的管理体制 ……………………………………（97）

二、规范公益类科研机构的组建程序 …………………… (100)
　　（一）建立第三方论证审查机制 ………………………… (101)
　　（二）完善机构设立的审批程序 ………………………… (102)
三、强化新建机构的能力建设与评估 …………………… (103)
　　（一）重视申报对象的研发基础 ………………………… (104)
　　（二）实行合同制的考核与评估 ………………………… (104)

第七章　完善省属公益类科研机构的退出机制 ……… (106)

一、严格开展公益类科研机构的考核评估 …………… (106)
　　（一）出台考评意见 ……………………………………… (107)
　　（二）制定考评办法与指标 ……………………………… (108)
　　（三）完善考评方式 ……………………………………… (109)
二、严格设定公益类科研机构的退出条件 …………… (110)
　　（一）公益性职能的消失 ………………………………… (111)
　　（二）发展与服务能力弱 ………………………………… (111)
　　（三）综合考评持续落后 ………………………………… (112)
三、严格规范公益类科研机构的退出程序 …………… (112)
　　（一）主动退出公益类科研机构序列的审批 …………… (113)
　　（二）被动退出公益类科研机构序列的审批 …………… (113)
四、高度重视公益类科研机构退出后的资产处置 …… (114)
　　（一）机构处置 …………………………………………… (115)
　　（二）人员分流 …………………………………………… (117)
　　（三）资产处置 …………………………………………… (118)

第八章　加强省属公益类科研机构建设 ………………… (121)

一、探索建设新型组织模式的公益类科研机构 ……… (121)
　　（一）借船出海，充分运用社会资源 …………………… (122)
　　（二）市场机制，激励和吸引人才 ……………………… (124)
　　（三）政策支持，保障机构持续发展 …………………… (125)
二、加强现有省属公益类科研机构的保护和利用 …… (127)
　　（一）慎重开展公益类科研机构的撤并或转制 ………… (127)

（二）注重对撤并科研机构的整合重组 ……………………（128）
　　（三）充分挖掘转制机构的各类科技资源 …………………（128）
第九章　完善省属公益类科研机构建设机制的若干建议 ………（130）
　一、规范省属公益类科研院所机构组建的审批机制 …………（130）
　　（一）规范组建公益类科研机构的申请条件 ………………（131）
　　（二）规范公益类科研机构的组建程序 ……………………（132）
　二、规范省属公益类科研院所机构退出的审批机制 …………（133）
　　（一）严格设定公益类科研机构的退出条件 ………………（133）
　　（二）严格规范公益类科研机构的退出程序 ………………（134）
　三、加强对公益类科研机构的考核与过程监管 ………………（134）
　　（一）正视公益类科研机构考核中的问题 …………………（135）
　　（二）制定公益类科研机构考评办法 ………………………（136）
　　（三）调整公益类科研机构绩效考核方式 …………………（136）
　　（四）及时调整公益类科研机构的研究重点 ………………（137）
　　（五）加强公益类科研机构考核结果的应用 ………………（138）
　四、深化省属公益类科研机构管理体制改革 …………………（138）
　　（一）完善省科技工作联席会议制度 ………………………（138）
　　（二）深化新组建科研机构的管理体制改革 ………………（139）
　　（三）强化科研机构的全省统筹管理 ………………………（140）
调研报告 …………………………………………………………（142）
附　表 ……………………………………………………………（153）
　附表1　层次分析法标度及定义说明 …………………………（153）
　附表2　科研机构SWOT-AHP分析发展能力判断矩阵 ………（153）
　附表3　科研机构SWOT-AHP分析内部能力判断矩阵 ………（153）
　附表4　科研机构SWOT-AHP分析外部环境判断矩阵 ………（154）
　附表5　科研机构SWOT-AHP分析人才队伍判断矩阵 ………（154）
　附表6　科研机构SWOT-AHP分析科技经费判断矩阵 ………（154）
　附表7　科研机构SWOT-AHP分析创新条件判断矩阵 ………（155）
　附表8　科研机构SWOT-AHP分析知识产权判断矩阵 ………（155）

附表9　科研机构SWOT-AHP分析论文论著判断矩阵 …………（155）
附表10　科研机构SWOT-AHP分析技术开发转让判断矩阵 ………（156）
附表11　科研机构SWOT-AHP分析技术服务咨询判断矩阵 ………（156）
相关文件……………………………………………………………（157）

第一章 公益类科研机构的基本内涵

公益类科研机构是我国科研机构的重要组成部分。随着科技体制改革的不断深入，国家对部委所属科研机构从有无市场能力角度，地方政府更务实地从改革经费拨款制度的角度，对公益性和营利性（企业化转制）科研机构进行了划分，专家学者则从学术角度，对公益类科研机构的涵义进行了界定。

本章在梳理国家有关部门、地方政府和专家学者对公益类科研机构界定的基础上，结合国家相关政策的调整，总结出当前公益类科研机构的内涵与定义，从而明确本课题研究的对象与主体。

一、公益类科研机构的界定

一般而言，公益类科研机构是对从事"社会公益事业、技术基础、农业科学研究类型"科研机构的泛称。在这方面，国家、地方政府从不同层面、不同角度对科研机构进行了大致的分类。但迄今为止，我国有关部门对公益类科研机构并没有给出权威和明晰的定义。

（一）国家有关部门的分类

1986年3月，为加快推进科学技术体制改革，当时的国家科学技术委员会制定了《关于科研单位分类的暂行规定》（以下简称《规定》），将研究与开发机构划分为4种类型：技术开发类型，基础研究类型，多种类型，社会公益事业、技术基础、农业科学研究类型。《规定》对其中的第四类,即"社会公益事业、技术基础、农业科学研究类型"的科研机构做出外延列举式定义,"凡专门从事以下3方面工作之一的单位属社会公益事业、技术基础和农业科学研究类型:①社会公益事业,如医药卫生、劳动保护、计划生育、灾害防治、环境科学等;②技术基础工作,如情报、标准、计量、观测等;③农业科学研究工作"[1]。此后,国务院、各部委及地方颁布的一系列文件基本上都将此类科研机构简称为"社会公益类"或"社会公益性"科研机构。

从上述暂行规定可以看出,在当时的国家层面,对社会公益类科研机构的界定,实际上是分为广义和狭义两种类型的。狭义的社会公益类科研机构,仅指"医药卫生、劳动保护、计划生育、灾害防治、环境科学"等类的研究机构;广义的社会公益类科研机构则在此基础上,扩展至"技术基础工作"和"农业科学研究工作"。此后,一般意义上的公益类科研机构基本指广义的社会公益类科研机构。

2000年5月,国务院办公厅转发科技部、中编办等12个部委《关于深化科研机构管理体制改革实施意见的通知》(国办发〔2000〕38号)(以下简称《通知》),对公益类科研机构进行初步划分。《通知》重点对国土资源部、财政部、文化部、中国科学院等部门所属的科研机构进行分类改革。文件要求:①国家电力公司、中国石油化工集团公司等企业所属技术开发类科研机构实行企业化转制。②建设部、铁道部等部门所属技术开发类科研机构,要通过转为企业或进入企业等方式向企业化转制;为国家经济和社会发展提供重大基础性或共性技术服务、无法得到相应经济回报的个别科研机构,可以继续按事业单位管理。③国土资源等部门所属公益类研究和应用开发并存的科研机构,有面向市场能力的(占总数一半以上)要面向企业化转制;以提供公益服务为主的科研机构,有面向市场能力的也要向企业化转制;主要从事应用基础研究或提供公益服务、无法得到相应经济回报、确需国家支持的科研机构,仍作为事业单位,按非营利性机构进行运行和管理,其中具有面向市场能力的部门,也要向企业化转制并逐步与原科研机构分离。其他科研机构要向中介服务方向发展。这类科研机构按照总体上保留不超过30%工作人员的要求,重新核定编制。④财政部、文化部等部门所属以社会科学(含经济、文化、法律等)领域研究为主的科研机构,中国科学院所属科研机构,也要按照文件精神深化改革[2]。

2000年7月,国务院办公厅又转发了科技部等部门《关于非营利性科研机构管理的若干意见(试行)》(国办发〔2000〕78号),再次对国务院部门(单位)所属社会公益类科研机构的分类改革进行界定。文件明确:①主要从事应用基础研究或向社会提供公共服务,无法得到相应经济回报,国家财政给予经常性经费补助、确需国家支持的国务院部门(单位)所属社会公益类科研机构,经科技部、中编办、财政部、税务总局批准,可……按照非营利性机构运行和管理。②非营利性科研机构以推进科技进步为宗旨,不以营利为目的,主要从事社会公益为主的科学研究、技术咨询与服务活动。③非营利性科研机构具有独立法人资格,执行国家的法律、法规,在政府有关部门的指导、监督下,自主管理[3]。

上述两份文件均是以推进国家部委所属科研机构改革为目的,从国家科技主管部门的层面,按照推进科研机构转制的需要,对国家部委所属的公益类(非营利性)科研机构进行了大致界定,并且主要是从是否具备创收能力、能否推向市场的角度,对国家部委所属科研机构的性质进行区分,而没有对全国公益类科研机构作出一个具有广泛约束力的普发性文件规定。

由文件也可以看出,当时国家对科研机构分类更多的是从能否将科研机构推向市场,从而减少事业人员编制、减拨事业费的层面去考虑的,重点并不是就科研机构本身的科研性质进行分类管理,而是对科研事业费的拨付比例进行分类管理,这就导致有一些从事的工作真正属于公益类性质的科研机构被划到其他类型中去。如当时国家科委《关于事业单位分类的暂行规定》中,就未将"基础科学研究"归类为公益类科研机构。

(二) 地方改革中的界定

相对于国家有关部门而言,省市地方政府为了落实国家科技体制改革精神,更有效地推动科研机构分类改革,陆续对本省公益类科研机构的范围、业务等进行了界定和规范。

地方各省市对科研机构的分类改革实践，基本按照中央科研机构的分类改革模式进行，同时更多从推进研究机构转制、改革经费拨款制度方面，划分公益类科研机构和开发类科研机构。在福建省，1987年3月，根据当时的国家科技体制改革精神，福建省科委、财政厅联合制定《技术开发研究单位改革减拨事业费的意见》，对省级59个科研单位进行分类，确定其中40个属于社会公益、农林科研等包干类型，其余19个属于技术开发类型。显然，这种分类主要是从减拨事业费的角度去着手的。到1988年，省属技术开发机构共削减事业费142.78万元，占事业费总数的37.23%[4]。2000年5月，根据科技部等部门《关于深化科研机构管理体制改革实施意见的通知》精神，福建省科技厅等部门制定出台了《关于推进省属开发型科研机构实行企业化转制的实施意见》，推进省属科研机构企业化转制，确定了福建省光学技术研究所、福建省纺织工业研究院等13所省属开发型科研机构实行企业化转制[5]。到2005年，全省实际共有省气象科学研究所等10家科研院所完成企业化转制，退出公益类科研院所管理序列。2013年，福建省人民政府制定《关于进一步支持省属科研机构加快创新发展的若干意见》，以附件形式确定了38家公益类科研机构和16家开发类科研机构[6]。

由于地方实际情况各异，财政收入存在较大的差距，不少省份尤其是经济发展相对落后的省份，对公益类科研机构的范围界定更为严格，也更为具体。如吉林省，2000年对省属社会公益类科研机构进行了重新界定，根据该省制定的《关于省属社会公益类（含农业类）科研机构重新界定和改革方案》规定，公益类科研机构包含4个方面：①国家和省确定的重点实验（研究）室、研究（工程）中心。②为国家、省经济和社会发展无偿提供科研成果，不能从国家和社会得到补偿的机构，如为全社会提供数据、信息、设施、减灾、防灾、环境监测、成果推广等方面服务；农业类科研机构中主要从事种质资源、遗传规律、病虫害灾变规律、综合培育、环境资源、农业高技术基础性研究的机构。③国家和省确定的重点文献馆藏、资源保藏、网络中心。④依法授权提供公共服务，无法得到相应经济回报的质量检验、检测、监测、计量及其他具有公平公证业务性质的研究机构[7]。

吉林省对省属社会公益类科研机构的界定中，农业类科研机构就与中央有别，着眼于从操作层面划分，对象更为具体，范围也更为严格，没有将农业类科研机构全部划入社会公益类，而是仅限从事种质资源、遗传规律、病虫害灾变规律、综合培育、环境资源、农业高技术基础性研究的机构，其余农业类研究机构并不属于该范围。

由上可知，地方政府主要是从操作层面，对公益类科研机构与技术开发类（转制）科研机构进行了分类和界定，以落实中央关于科技体制改革的精神。但是，由于科研机构的实际情况互有不同，往往一些公益类科研机构中也含有面向市场的成分，如农业科研的育种研究中，种质资源保存具有公益性，而良种繁育则显然属于技术开发。与此同时，不少公益类科研机构在推进成果转化应用中，都离不开中试环节，公益研究与技术开发也难以截然分开。因此，对公益类科研机构与技术开发型研究机构的划分，目前还只能从科研机构大致的研究领域去着手，无法严格按照国办发〔2000〕38号文件"社会公益类科研机构分别不同情况实行改革……公益类研究和应用开发并存的科研机构，有面向市场能力的（占总数一半以上）要向企业化转制；以提供公益性服务为主的科研机构，有面向市场能力的也要向企业化转制；主要从事应用基础研究或提供公共服务、无法得到相应经济回报、确需国家支持的科研机构，仍作为事业单位，按非营利性机构运行和管理，其中具有面向市场能力的部分，也要向企业化转制并逐步与原科研机构分离"的规定去实施。

（三）专家学者的研究

自从国家对科研机构实行分类改革以来，专家学者从不同角度对公益类科研机构进行了研究。

关于公益类科研机构的界定，学者们基本沿用了国家的分类定义，即公益类科研机构是非营利组织的一种，具备非营利组织基本特征和独立法人资格，从事"社会公益事业、技术基础、农业科学研究类型"的科研机构，是在市场经济条件下，向全社会提供关系国计民生和社会可持续发展、以社会效益为主的科学研究和基础性技术等公共物品的政府协调战略性组织。它由国家机关或国有资产举办……从事服务性和非营利性的研究活动[8]。公益类科研机构是按非营利组织模式运作和管理，从事不能获得相应经济回报的公益类科研活动的科研机构；同时，研究成果具有公共产品和准公共产品的属性，主要服务于社会效益显著而经济效益不明显的行业或产业，科研成果直接关系到公民健康、社会安全、经济稳定等[9~12]。

一些专家对国家有关部门的界定进行分析后认为，国家对公益类科研机构的分类和界定主要是针对行业部门，没有细化到具体的科研院所，这种分类存在一定的模糊空间。"按财政部规定的事业单位为全额、差额、自收自支3种预算方式，移用到编制部门形成3种编制分类方法的3种事业单位"，"存在分类欠科学、真假混杂"等问题[14]。建议公益类科研机构分类改革要从部门细化到研究院所、研究室直至课题组，具有面向市场能力的一定要走向市场，保留下来的才属于真正意义上的"公益类"科研机构[8]。如娄成武等认为，公益类科研机构应包括：①公共基础性科技研究和服务中心。②重大全局或局部性社会问题的研究和科技服务活动。③利用现有资源和资质从事公共技术咨询服务和社会事务的监测与评价等业务。④区域农林牧副渔业及生态环境领域的基础性、突发性科学研究与技术支持服务。⑤接受政府委托或具有半官方性质的政策宣传与执行机构[13]。

此外，专家们还针对科研机构的分类开展了分类标准、指标体系、功能定位、管理模式等方面的研究[14~16]。

二、公益类科研机构的主要属性

在我国，公益类科研机构作为科技创新体系的重要组成部分，是促进经济社会发展不可缺少的重要力量。随着经济发展和科技体制改革的深入推进，以公共财政支持为主的公益类科研机构成为国家科技体制改革的重点之一，其外延和内涵也在不断调整。

按照有关部门和学者的界定,公益类科研机构至少应该包含以下4种属性。

(一) 科研属性

公益类科研机构的首要属性是创新研究,这也是科研机构存在的前提和价值所在。公益类科研机构必须具备必要的研究能力,能够围绕政府确定的经济社会发展目标持续开展创新性研究,获得必要的研究成果,为社会经济发展提供可持续的科技支撑。这种研究应以基础研究或应用基础研究为主。

(二) 公益属性

社会公益性是公益类科研机构区别于一般性科研机构的根本特性。

由于公益类科研机构的经费以公共财政投入为主,这类机构应该无偿或低偿为整个社会提供公共物品(包括公共服务),这类物品或服务具有非营利性,无法得到相应经济回报。公益类科研机构从事的科研或服务工作,要么是企业因无利可图而不愿提供的,如生态环境保护、地震研究、水利、气象等;要么是其他社会组织因自身条件限制而无法提供,如基础科学研究、关系到国家利益的重大科技项目等。

公益类科研机构"主要取决于科研活动的服务对象,即主要服务于社会效益显著而经济效益不明显的行业或事业,不具备生产、经营属性和市场竞争性,是一种基础性的社会服务"[8]。"主要面向社会提供公共服务,研究成果具有公共产品的属性,不具有排他性及竞争性"[9]。

(三) 机构属性

公益类科研机构作为公益性事业单位,是我国事业单位的重要组成部分,必须有较为健全的组织架构,有必要的从事科研与科技服务的人力资源,具备较为完善的管理机制。一般应是具有独立法人地位的经济实体,能以自己的名义拥有资产、发生负债、从事经济活动并与其他实体进行交易。

由于公益类科研机构是政府部门所属、按照非营利性机构运行和管理的事业单位，它还必须通过相关部门的审批并接受上级相应党政组织的管理。

（四）财政属性

公益类科研机构的非营利性及其为社会服务的公共性，决定了它在整体上必须主要依靠政府财政支持。虽然近年来国家对公益类科研机构的技术开发与成果转让政策不断放宽，对其科技人员进入市场创收的行为不断放活，社会公益类科研机构的收入可以是企业或个人捐赠，也可以是符合政策规定的各类创收（如技术成果转让等），公益类科研机构的非政府资金收入不断增加，但由于其研究对象的局限性，决定了公益类科研机构的成果转化创收有限，其主要收入来源只能是政府，这是公益类科研机构生存与发展的重要保障。

只有政府长期稳定的支持，才能引导社会公益类科研机构持续开展探索性研究，并促使其自愿、有效地服务社会。

三、公益类科研机构的定义与范围

对科研机构的分类是从2000年国办发〔2000〕38号文开始推行的，按照当时的规定，科研机构中有面向市场能力的均需转制，留下的公益类科研机构是不能从事创收的。但党的十八大以来，国家、省（区、市）陆续出台了一系列加快科研机构创新发展的政策措施，不断调整科技管理政策，大幅放宽此前对公益类科研机构（尤其是公益一类科研机构）从事开发创收的限制，鼓励各类科研机构包括公益类科研机构及其科技人员在一定条件下从事成果转化创收工作。因此，需要根据政策的变化，对公益类科研机构作出新的规范与界定。

(一) 公益类科研机构的定义

综合国家科技体制改革文件精神和各省的改革实践,以及学者的研究,并结合近年来国家对科研机构与科技人员在转化成果等方面科技管理政策的调整,本课题对公益类科研机构界定如下:

社会公益类科研机构指主要从事基础研究或应用基础研究,以推动社会科学技术水平进步、服务社会经济发展为主要目标,以研究成果向社会提供公共服务,无法得到充分经济回报,需要公共财政稳定地给予经常性支持的政府或政府部门所属事业性法人机构(组织)。

(二) 公益类科研机构的范围

根据以上界定,公益类科研机构具体包括以下4种类型。

(1) 公共基础性科研及服务。指面向社会提供公用的基础数据、基础信息、资源设施、宣传培训等公共科技服务,以及向这类服务提供相应技术支持的研究业务。如基础测绘、技术基础数据、公共科技信息资源、科技统计、重点文献馆藏业务、科技普及等。

(2) 重大公益性科学研究及服务。指面向社会领域开展的关键、共性技术研究与服务工作,如环境保护、医疗卫生、自然灾害防控、工业隐患预防(控制)、体育科技等;以及依法提供公共服务,无法得到相应回报的质量监测、检测、检验、计量等其他具有公平、公证性业务的科研机构。

(3) 农业领域相关研究及服务。指面向农业农村现代化开展的基础性研究、公益研究与服务工作,如主要从事种质资源、遗传育种、病虫害防治、资源环境,农业生物技术、信息技术、三产融合技术等农业高新技术方面的基础性研究业务。

(4) 其他公益性研究及服务。指其他面向政府需求,接受各级政府委托,无偿或低偿为政府开展国民经济发展重大科技攻关、决策咨询服务等,如国防科技战略性研究、社会科学研究，以及基于相关研究开展的决策咨询服务等。

参考文献

[1] 国家科委. 关于科研单位分类的暂行规定 [R]. 1986-3-24.

[2] 国务院办公厅. 关于深化科研机构管理体制改革实施意见的通知（国办发 [2000] 38号）[R]. 2000-5-24.

[3] 国务院办公厅. 关于非营利性科研机构管理的若干意见（试行）的通知（国办发 [2000] 78号）[R]. 2000-12-19.

[4] 福建省地方志编撰委员会. 福建省志·科学技术志 [M]. 北京：方志出版社，1997.

[5] 福建省人民政府办公厅转发省科技厅等部门关于推进省属开发型科研机构实行企业化转制实施意见的通知 [R].

[6] 福建省人民政府办公厅转发省科技厅等部门关于深化省属科研机构管理体制改革若干意见的通知 [R].

[7] 吉林省人民政府办公厅转发省科技厅等部门制订的关于省属社会公益型（含农业类）科研机构重新界定和改革方案的通知 [R].

[8] 司晓悦，娄成武，等. 省属公益类科研机构分类标准问题研究 [J]. 科学学与科学技术管理，2006（9）：33-37.

[9] 徐尧. 公益类科研院所定位与运行机制研究 [D]. 大连：大连理工大学，2009.

[10] 卢慧懿. 我国公益类科研机构的发展研究——以非营利组织理论为视角 [D]. 上海：上海交通大学，2008.

[11] 丁政财. 关于公益类科研机构分类定位及发展模式的研究 [J]. 软科学，2001，15（6）：15-18.

[12] 刘善同，朱月卿，等. 公益型非营利科研机构改革浅议 [J]. 科学与管理，2003（5）：53-54.

[13] 娄成武，刘亚非，等. 省属公益类科研机构分类改革指标体系构建分析 [J]. 评价与预测，2005（8）：25-27.

[14] 龙群. 地方社会公益类科研机构改革研究——以湖南省为例 [D]. 长沙：中南大学，2010.

[15] 黄建国. 中国公益类科研机构管理模式的研究 [J]. 科技管理研究, 2005 (2): 1-3.

[16] 肖雪葵, 曾强明, 等, 公益类科研机构分类改革指标体系的理论研究 [J]. 中国科技论坛, 2007, 3 (3): 16-20.

第二章 福建省属科研机构建设的发展历程

改革开放以来，福建省按照国家科技体制改革的总体要求，不断推进省属科研机构的建设（含新建、改制、撤并）工作，最终形成了当前全省公益类科研机构的基本格局。

本章简要梳理福建省属科研机构的科技体制改革进程，厘清省属科研机构建设的历史脉络，为研究省属公益性科研院所的建设机制提供基础资料。

福建省属科研机构的建设，主要包括3种类型。一是科研机构的组建，指适应经济社会发展或科技创新需要，新设立科研机构。二是科研机构的退出，主要是指因企业化转制、机构撤并，从而退出省属公益类科研机构管理序列的情形，主要包括转制、撤并两种方式。三是科研机构间的整合重组，这种方式，既包含原有科研机构的撤并，也包括新科研机构的组建。

一、福建省属科研机构的组建

科研机构的设立主要是因为经济社会发展与科技创新的需要。按照时间划分，福建省属科研机构的组建大致可分为3个阶段。

（一）1952—1978年

新中国成立后的一段时期内，福建基本按照当时的计划经济要求，对应国家部委所属科研机构的组建模式，按行业或行政区划，在省、地、县三级组建了一批科研机构。

1949年新中国成立时，当时的福建省仅存福建省研究院和福建省农事试验总场2家科研机构。从1952年开始，全省陆续建立一批新的研究机构。

1952年，省农事试验总场改组成立省农业试验场，1956年再次改组成立省农业科学研究所。在此基础上，1960年，省农业科学研究所扩建为省农业科学院。

1953年，福建成立了省工业厅综合试验室（1957年改名为省工业研究站）。

1957—1959年，全省又相继成立省一级的农、林、水产和工业、交通、农机化、医药卫生等16家科研机构。

到1977年，全省共建立省属独立科研机构33个[1]。

这一时期的科研机构，集中建设于1958年（12个）、1960—1963年（10个）、1975—1977年（5个）等3个时间段。尤其是在1958年的大跃进期间，福建省属科研机构数量也得到了跨越式增长，当年一年内，全省就新成立了12家科研机构，占这一时期科研机构数量的1/3以上（表2-1）。

表2-1 1978年前成立的福建省属独立自然科学研究机构

序号	机构名称	隶属关系	成立时间（年）
1	福建省微生物研究所	省科委	1955
2	福建省蚕桑研究所	省农业厅	1956
3	福建省水产研究所	省水产厅	1957
4	福建省中医药研究所	省中医学院	1957
5	福建省机械研究所	省机械工业厅	1958
6	福建省冶金工业研究所	省冶金总公司	1958
7	福建省轻工业研究所	省轻工业厅	1958
8	福建省化学工业科学技术研究所	省石化厅	1958
9	福建省交通科学技术研究所	省交通厅	1958
10	福建省建筑科学研究所	省建筑工程总公司	1958
11	福建省农业机械化研究所	省机械工业厅	1958
12	福建省地质科学研究所	省地矿局	1958
13	福建省农业科学院甘蔗研究所	福建省农业科学院	1958
14	福建省电力试验研究所	省电力工业局	1958
15	福建省邮电科学研究所	省邮电局	1958

(续表)

序号	机构名称	隶属关系	成立时间（年）
16	福建省林业科学研究所	省林业厅	1958
17	福建省水利水电科学研究院	省水利厅	1959
18	福建省农业科学院	省政府	1960
19	福建亚热带植物研究所	省科委	1960
20	福建省科学技术情报研究所	省科委	1960
21	福建省农业科学院果树研究所	省农科院	1960
22	福建省计量科学技术研究所	省标准计量局	1960
23	福建省农业科学院茶叶研究所	省建设厅	1961
24	福建省农业科学院畜牧兽医研究所	省农科院	1961
25	福建省热带作物科学研究所	省农业厅	1961
26	福建省工艺美术研究所	省二轻厅	1961
27	福建省水轮泵研究所	省机械工业厅	1963
28	福建省二轻工业研究所	省二轻厅	1963
29	福建省电子技术研究所	省电子工业总公司	1975
30	福建省粮油科学技术研究所	省粮食厅	1975
31	福建省农业科学院稻麦研究所	省农科院	1976
32	福建省木工机床研究所	省机械工业厅	1977
33	福建省气象科学研究所	省气象局	1977

资料来源：福建省志·科技志（1997）

这一时期内，受"文革"左倾思想的影响，不少省属科研机构一度还经历了撤销—复建的曲折发展过程。如福建省农业科学院，1960年成立，1969年被撤销，仪器、设备被瓜分，土地、房屋交给部队，干部下放，工人退职回家。1975年又恢复重建。

（二）1978—2000年

1978年全国科学大会后，我国迎来了科学的春天。在国家政策的强力推动下，福建省直各部门和地方政府按照计划经济需要，参照国家的科研机构管理体制，加快了科技体制改革的步伐，全省科研机构以新组建科研院所为主要趋势，呈现总体稳定、逐步发展壮大的动态调整过程。

这一时期，福建省在逐步恢复"文革"期间被撤销的科研机构的同时，省直部门或省政府直属科研单位内部陆续设立了大量新的研究机构，全省科研机构进入一个新的增长阶段。到 1990 年，福建共有省属科研机构 66 家。这一时期新设立的省属独立科研机构就有 33 家，占全省省属独立科研机构总数的 50%。此后整个的 20 世纪 90 年代，科技体制改革以推动科研院所转制为主线，但极少撤并科研机构，省属科研机构的数量总体基本保持稳定（表 2-2）。

表 2-2　1978—1990 年间福建新成立的省属独立自然科学研究机构

序号	机构名称	隶属关系	成立时间（年）
1	福建省农业科学院土壤肥料研究所	省农科院	1978
2	福建省农业科学院植物保护研究所	省农科院	1978
3	福建省农业科学院耕作轮作研究所	省农科院	1978
4	福建省光学技术研究所	省电子工业总公司	1978
5	福建省广播技术研究所	省广电厅	1978
6	福建省国防工业综合研究所	省机械工业厅	1978
7	福建省人防工程设计科研所	省人防办	1978
8	福建省环境保护科学研究所	省环境保护局	1978
9	福建省煤炭工业科学研究所	省煤炭工业总公司	1979
10	福建省测试技术研究所	省科委	1979
11	福建省农业科学院科技情报研究所	省农科院	1979
12	福建省标准情报研究所	省标准计量局	1979
13	福建省建筑材料工业科学研究所	省建材总公司	1979
14	福建海洋研究所	省科委	1979
15	福建省医学科学研究所	省卫生厅	1980
16	福建省计算中心	省科委	1980
17	福建省武夷山生物研究所	省科委	1980
18	福建省农业科学院地热农业利用研究所	省农科院	1980
19	福建省农业科学院中心实验室	省农科院	1980
20	福建省农业区划研究所	省农业厅	1980
21	福建省亚热带园艺植物研究中心	省科委	1983
22	福建省劳动保护科学研究所	省劳动局	1984
23	福建省淡水水产研究所	省水产厅	1984
24	福建省机械科学研究院	省机械工业厅	1984

(续表)

序号	机构名称	隶属关系	成立时间（年）
25	福建省体育科学研究所	省体委	1984
26	福建省农业科学院红萍研究中心	省农院	1985
27	福建省标准化研究所	省标准计量局	1985
28	福建省科技开发中心	省科委	1985
29	福建省机械科学研究院情报研究所	机械科学院	1985
30	福建省计划生育科学技术研究所	省计生委	1986
31	福建省纺织工业研究所	省轻工业厅	1987
32	福建省科委农牧业科研中试基地	省科委	1989
33	福建省高新技术产业创业服务中心	省科委	1989

资料来源：福建省志·科技志（1997）

（三）2000 年以来

进入 21 世纪，随着科技体制改革的不断深入，我国科研机构改革的总体趋势是推动科研机构进入市场、转制为企业为主，对事业单位的编制管理日趋规范，对新设立公益类科研机构的审批更加严格，只有那些产业发展急需领域的科技创新与服务机构，才有可能通过有关部门的审批，如福建省农业科学院农业生物资源研究所和福建省农业科学院食用菌研究所（表2-3）。

福建省农业科学院食用菌研究所，就是因食用菌产业的需要应运而生。改革开放后，福建省食用菌产业得到快速发展。到 2006 年，全省食用菌产量 171.1 万吨（鲜重），产值 73.7 亿元，出口创汇 3.74 亿美元，食用菌产值占全省种植业产值的 11.7%，出口创汇占全省农产品出口创汇的 15.5%，占全国食用菌出口创汇的 33.4%，全省从事食用菌生产及相关行业的人员逾 200 万人，占农村劳动力的 15% 左右，菇农人均收入超过 2 500 元[2]，食用菌产业在推动农业增效农民增收中发挥了举足轻重的作用。正是在这一背景下，2007 年，省政府支持将福建省蘑菇菌种研究推广站划转给福建省农业科学院，使之从自收自支单位逆转为财政全额拨款的公益一类事业单位。2009 年，经福建省编办批复同意，福建省农业科学院整合本院相关研究资源，重组成立了食用菌研究所。

表2-3 2000年以来成立的省属独立自然科学研究机构

序号	机构名称	隶属关系	成立时间（年）
1	福建省农业科学院农业生物资源研究所	省农科院	2008
2	福建省农业科学院食用菌研究所	省农科院	2009

二、福建省属科研机构的改制

1982年，党中央提出"经济建设必须依靠科学技术，科学工作必须面向经济建设"的战略方针，全面推进科技体制改革。这轮科技体制改革的主要目的是推动科研机构进入市场，促进科研与经济更紧密的结合。

从20世纪80年代至今，福建省按照中央的部署，持续推进省属科研机构的科技体制改革。尽管不同时期采取了互有差别的政策，但具体操作方式始终是将改革科研机构的财政经费拨付方式作为科技体制改革的主要内容之一，对部分科研机构减拨或停拨事业费，促使其转制为企业或进入企业，从而减少依靠财政拨款生存的科研机构数量。在某种程度上，这也是公益类科研机构的一种退出方式。

以改革财政经费拨付方式为标志，福建省属科研机构的改制大致分为3种类型。

（一）减拨事业费的试点改革

1984年5月，福建省政府批转省科委《关于开展科研单位改革试点意见书的报告》，选定福建省机械研究所、福建省农业科学院畜牧兽医研究所、福建省电子技术研究所、福建省微生物研究所、福州市工业技术研究所、三明市真菌研究所等6个科研单位作为首批福建省科技体制改革试点单位。同年10月，福建省科委又增加了福建省轻工业研究所、福建省化学工业科研所、福建省建筑材料科研所、福建省流行病研究所、南平地区农业科学研究所等17家科研机构作为第二批科技体制改革试点单位。这23家改革试点单位中,有9家属于省属科研机构,其余14家为地方所属科研机构。

这次改革试点内容主要包括:试行所长负责制和任期制,调整所内的组织机构和结构,建立岗位责任制;实行科研合同制,开展横向技术服务,自行转让科技成果;改革分配制度,建立科技发展基金、集体福利基金、奖励基金;开始逐年减拨事业费,要求在3年内做到事业费自给或半自给。

1987年3月,按照1986年原国家科委发布的《关于科研单位分类的暂行规定》中的标准,福建省科委和财政厅联合下发《关于印发技术开发研究单位改革减拨事业费的意见的通知》,对当时全省59家省属独立科研机构进行分类,确定其中40家属于社会公益、农林科研等包干类型,其余19家属于技术开发类型。对19家技术开发类机构分别削减事业费10%~30%,当年共减拨事业费89.06万元。1988年,省属20个(含当年新建的省纺织工业科研所)技术开发机构削减事业费达142.78万元,占事业费总数的37.23%[1]。

(二) 企业化转制的深化改革

由于体制机制等多重因素的制约,从1984年开始推进的开发类科研机构分类改革困难重重。为加快改制进程,2000年5月,根据科技部等部门《关于深化科研机构管理体制改革实施意见的通知》精神,福建省人民政府办公厅转发省科技厅等部门《关于推进省属开发型科研机构实行企业化转制实施意见的通知》,加快推进省属开发型科研机构实行企业化转制,重点推进福建省光学技术研究所、福建省纺织工业研究院、福建省机械研究所、福州木工机床研究所、福建省轻工业研究所、福建省二轻工业研究所、福建省工艺美术研究院、福建省煤炭工业科学研究所、福建省粮油科学技术研究所、福建省冶金工业研究所、福建省化学工业科学技术研究所等13家省属开发型科研机构实行企业化转制,要求这13家研究机构在当年12月底前完成有关转制工作,按企业管理体制运作,并设立了5年的过渡期。

2013年,福建省人民政府出台《关于进一步支持省属科研机构加快创新发展的若干意见》(闽政〔2013〕28号),再次加快推进开发类科研机构转制的进程。在明确38家公益类科研机构的同时,以省政府文件形式,确定了16家省属开发类科研机构[3]。

截至2018年,16家省属开发类科研机构中有7家机构完成工商登记转制成为企业,有两家机构转制正在推进中,有6家机构尚未转制(表2-4)。

表2-4 截至2018年福建省属开发类科研机构及转制情况

序号	机构名称	隶属关系	转制情况	转制后名称
1	福建省机械研究所	福建省工业和信息化厅	未转制	
2	福州木工机床研究所	福建省工业和信息化厅	未转制	
3	福建省电子技术研究所	福建省电子信息集团	未转制	
4	福建省光学技术研究所	福建省电子信息集团	未转制	
5	福建省粮油科学技术研究所	福建省粮食和物资储备局	未转制	
6	福建省化学工业科学技术研究所	福建石油化工集团有限责任公司	未转制	
7	福建省二轻工业研究所	福建省国有资产管理有限公司	未转制	
8	福建省轻工业研究所	福建省轻纺控股责任有限公司	正在转制	
9	福建省纺织工业研究所	福建省轻纺控股责任有限公司	正在转制	
10	福建省工艺美术研究院	福建省工业和信息化厅	2001年完成工商登记	福建省工艺美术研究院
11	福建省亚热带园艺植物研究中心	福建省科技厅	2011.2完成工商登记	漳州市亚热带园艺技术有限公司
12	福建省冶金工业研究所	福建省冶金控股有限责任公司	2017.5完成工商登记	福建省冶金工业设计院有限公司
13	福建省建筑科学研究院	福建省建工集团	2018.6完成工商登记	福建省建筑科学研究院有限责任公司
14	福建省煤炭工业科学研究所	福建能源集团	2018.12工商登记	福建省福能安全科技有限公司

(续表)

序号	机构名称	隶属关系	转制情况	转制后名称
15	福建省建筑材料工业科学研究所	福建能源集团	2018.12完成工商登记	福建省建筑材料科研院有限公司
16	福建省交通科学技术研究所	福建省交通发展科技集团有限公司	2018.12完成工商登记	福建省交通科研院有限公司

(三) 随主管部门调整而改制

经济基础决定上层建筑。改革开放以来,为适应经济的快速发展,我国对行政管理体制进行了深刻变革,一批行政管理部门陆续被整合撤并。随着上级主管部门的调整,其下属的科研机构也相应被整合撤并或改制,不再列为福建省属公益类科研院所。如福建省亚热带植物研究所由福建省科技厅主管划归厦门市政府主管,福建省广播电视技术研究所、福建省国防工业综合研究所、福建省电力试验研究所等也随着主管部门的改革进行改制,不再纳入省属独立科研机构管理序列。

党的十八大后,国家行政管理体制改革进一步深化,为提高行政管理能力和推进治理体系现代化,我国行政管理体制正在并将继续开展更为广泛深入的变革,福建省属科研机构的整合撤并还将继续推进。这种状况在一定程度上也凸显了我国科研机构行政化的弊端。

三、福建省属科研机构的撤并

随着科技体制改革的不断推进,在大部分科研机构调整研究领域、转制或更名的同时,一些研究机构因不适应需要,或者随其主管部门撤销而被陆续撤并。这些研究机构的撤并主要有两种类型。

（一）随产业结构调整而撤并

改革开放以来，我国经济快速发展，经济结构不断优化，一些原有的优势产业或主导产业逐渐衰退。随着产业的消失，原本支撑该产业发展的科研机构失去存在意义，不得不被撤并。如福建省蚕桑研究所被撤并，就是此类情况。

1955年，福建省开始恢复蚕桑生产。为支持蚕桑产业的发展，1958年，福州蚕桑场（后改为福建省蚕桑研究所）成立，担负起全省蚕种繁育和栽桑技术引进推广等任务。蚕桑研究所的成立，有力地服务了全省蚕桑产业的发展，如该所从广东引进的多化性夏用白茧种南农7号，产茧量比传统品种提高三成以上。1967年，全省桑园面积发展到上万亩（1亩≈667平方米，全书同），当年产茧量2 400多吨[4]。但到1990年后，随着比较效益的下降，全省蚕桑养殖业迅速下滑，到20世纪90年代末，全省桑园面积已萎缩到几乎可以忽略不计。随着蚕桑产业的大幅度衰退，蚕桑研究所的存在已失去产业基础，机构被整体撤并也因而不可避免。2007年10月，福建省蚕桑研究所终被撤销，更名为"福建省食用菌技术推广总站"，转而从事食用菌行业管理。

（二）缺乏创新与服务能力被撤并

在企业化转制的同时，还有一些研究机构因难以履行科技创新或科技服务的职责而被撤并。

这些研究机构多数是由于职责定位为科研辅助性机构，或科研基础条件有限，只能开展一些公益性服务工作，多年无法开展应有的科技创新，缺乏创新成果，技术服务能力弱，最后只能面临被撤并的命运。如福建省水轮泵研究所1999年并入福建省农业机械化研究所。福建省计算中心2009年撤销，相关部门分别并入福建省知识产权局和福建省科学技术信息研究所。2017年，福建省农业区划研究所撤销并入福建省农村工作研究中心（表2-5）。

表 2-5 撤并的福建省属科研机构

序号	机构名称	成立时间（年）	撤并时间（年）
1	福建省水轮泵研究所（开发类）	1963	1999
2	福建省蚕桑研究所	1956	2007
3	福建省计算中心（公益类）	1980	2009
4	福建省亚热带植物研究所（公益类）	1960	2011
5	福建省科技开发中心	1985	2015
6	福建省农业区划研究所（公益类）	1980	2017

四、福建省属科研机构的整合重组

为适应经济社会发展和科技创新需要，保住可贵的科技资源，福建省有关行政管理部门对一些科研机构进行了整合重组，成立新的科研机构。具体包含 3 种情形。

（一）扩建成立研究院

为做强做大科研机构，在推进科技体制与机制改革中，一些行业主管部门对下辖的研究机构进行整合，扩建成立研究院，由于编制的严格限制，这些扩建后的科研机构，规格基本保持不变。

如福建省林业科学研究院，就是由主管的省林业厅在 1996 年将其下属的福建省林业科学研究所扩建成立的，原有所内的研究室同步扩建为研究所，目前全院已拥有林业研究所、生态环境研究所、林业产业研究所、园林规划设计所、科技信息研究所、林业生物技术研究中心和林业生产力促进中心等 8 个研究开发服务机构。通过机构的整合重组，福建省林业科学院的科技水平显著提高，综合实力日益增强，已发展成为在省内林业行业专业较齐全、基础设施完善、学科较配套和科研能力较强的公益型综合性省级科研机构。在 1999 年全国 58 家林业科研院所绩效考核中科技综合实力名列第 7 位，列省级林业科研院所的第3位,其中科研条件居全国第2位。

(二) 重组新的研究所

为强化某一领域的创新水平,政府有关部门有针对性地将不同研究机构间相同或相近的研究资源进行整合,组建新的研究机构,以减少重复研究,提高创新效率,原有机构则同时撤销。

例如,为促进福建省食用菌产业技术创新,2007年,福建省蘑菇菌种研究推广站整体由福建省轻工业研究所剥离划转至福建省农业科学院,与福建省农业科学院原有分散在土壤肥料研究所的食用菌开发应用研究中心、植物保护研究所的食药用菌研究开发室和农业工程研究所的农副产品加工研究中心等单位中从事食用菌科研与开发的力量整合,重组成立公益类的福建省农业科学院食用菌研究所。原福建省蘑菇菌种研究推广站撤销。

(三) 整建制转为新科研机构

在科研机构的发展中,有一些机构因为所服务的产业基本消失,从而失去存在的意义,除一部分被撤并外,还有部分研究机构被整建制转为新的研究机构,围绕新产业开展新领域的研究。

如1958年成立的原福建农业科学院甘蔗研究所,成立后对全省甘蔗生产起到极大的促进作用。1975年福建全省甘蔗种植面积28.10万公顷,总产量120.83万吨,平均亩产287千克;到1985年,全省甘蔗种植面积73.32万公顷,总产量536.67万吨,平均亩产487.97千克,10年间,平均亩产增加70%[5],甘蔗研究所的甘蔗育种与栽培技术研发功不可没。该所选育出13个甘蔗新品种,其中闽糖70-611、闽选703、闽糖86-05曾先后成为福建主栽品种,覆盖全省甘蔗种植面积的60%以上,在全省区域化品比试验中,闽糖70-611平均亩产8 712千克,比对照亩增产928千克。但进入20世纪90年代后,随着种植业结构的调整,全省甘蔗种植面积逐步萎缩,2000年,全省甘蔗种植面积下降为1.44万公顷,2010年进一步萎缩到0.98万公顷,不到高峰期的1%[6]。甘蔗研究所基本失去存在的意义，被整体转建为亚热带农业研究所，转为主要开展亚热带果树、原生蔬菜、特色花卉、芳香植物、药用植物以及甘蔗、黄红麻等亚热带作物的资源保育、育种、栽培、加工和产业化研究。

参考文献

［1］ 福建省地方志编撰委员会. 福建省志（科学技术志）［M］. 北京：方志出版社，1997.

［2］ 福建省农业厅. 福建食用菌产业现状与发展对策［C］. 国际食（药）用菌生物科学高峰论坛暨第二届中国（古田）食用菌节——纪念中国食用菌协会成立二十周年论文集，2007：186-189.

［3］ 福建省人民政府关于进一步支持省属科研机构加快创新发展的若干意见.

［4］ 福建省地方志编撰委员会. 福建省志（农业志）［M］. 北京：中国社会科学出版社，1999：227-230.

［5］ 段斌莉，陈源，等. 1975—2009年福建沿海地区甘蔗种植现状与发展对策［J］. 农学学报，2013，3（4）：71-78.

［6］ 福建省统计局. 福建统计年鉴（2014）［M］. 北京：中国统计出版社，2014.

第三章 福建省属公益类科研机构现状

中华人民共和国成立后,特别是改革开放以来,福建省属公益类科研机构普遍得到较大发展,人才队伍、设施条件、科技平台等创新基础持续加强,科技产出日趋丰硕,为全省经济社会发展作出了重要贡献。

本章重点对全省现有37家公益类科研机构的具体情况进行整理和评价分析,以便对全省公益类科研机构现状进行全面准确的了解,为提出完善公益类科研机构建设的相关政策建议提供基础。

经过中华人民共和国成立以来70年的发展,福建省属公益类科研机构不断发展壮大,从业人员数量大幅增加,人才队伍迅速成长,科技平台、仪器设备等基础条件逐步改善,科技创新水平与科技服务能力持续增强,有力支撑和引领了全省经济社会的发展。

一、福建省属公益类科研机构的沿革

福建省现有的省属公益类科研机构是在不断推进的科技体制改革过程中逐步确立的。通过不断深化的改革,全省相当一部分原有的省属研究机构进行了改制或撤并,总体上,省属公益类科研机构处于逐步缩减的过程。截至2019年,福建省属公益类科研机构共有37家。这37家科研机构大致可分为3种类型:一是名称和研究领域都基本保持稳定;二是名称变更,但研究领域基本未变或变动不大;三是研究领域变化大,名称也相应进行了变更。

（一）名称和研究领域基本未变的机构

现有 37 家公益类科研机构中，有 13 个从成立伊始就没有变更名称，研究方向和重点基本保持稳定，约占总数的 1/3。其中时间最长的是 1953 年成立的福建省农业机械化研究所，最晚的是 2009 年成立的福建省农业科学院食用菌研究所（表 3-1）。

表 3-1 名称和研究领域基本未变的省属公益类科研机构

序号	机构名称	现隶属关系	成立时间
1	福建省农业机械化研究所	福建省工业和信息化厅	1953
2	福建省微生物研究所	福建省科学技术厅	1955
3	福建省农业科学院畜牧兽医研究所	福建省农业科学院	1960
4	福建省农业科学院果树研究所	福建省农业科学院	1960
5	福建省热带作物科学研究所	福建省农业农村厅	1961
6	福建省农业科学院土壤肥料研究所	福建省农业科学院	1978
7	福建省农业科学院植物保护研究所	福建省农业科学院	1978
8	福建省测试技术研究所	福建省科学技术厅	1979
9	福建海洋研究所	福建省科学技术厅	1979
10	福建省体育科学研究所	福建省体育局	1984
11	厦门大学抗癌研究中心	厦门大学	1984
12	福建省农业科学院农业生物资源研究所	福建省农业科学院	2008
13	福建省农业科学院食用菌研究所	福建省农业科学院	2009

（二）名称变更但研究领域基本未变的机构

在科技体制改革特别是行政管理体制改革中，一些科研机构的上级行业主管部门进行了调整。随着隶属关系的变更，这些机构所属的科研机构名称进行了相应变更，但总体上，研究领域保持不变或变动较小（表 3-2）。

表 3-2　名称变更但研究领域基本未变的省属公益类科研机构

序号	机构名称	现隶属关系	成立时间（年）	备注
1	福建省农业科学院茶叶研究所	福建省农业科学院	1961	成立以来随隶属单位变更而更名
2	福建省计划生育科学技术研究所	福建省卫生健康委员会	1986	
3	福建师范大学地理研究所	福建师范大学	1958	
4	福建省林业科学研究院	福建省林业局	1958	
5	福建省水利水电科学研究院	福建省水利厅	1959	
6	福建省计量科学研究院	福建省市场监督管理局	1960	
7	福建省标准化研究院	福建省市场监督管理局	1979	由研究所扩建为研究院
8	福建省安全生产科学研究院	福建省应急管理厅	1984	
9	福建省环境科学研究院	福建省生态环境保护厅	1978	
10	福建省中医药研究院	福建省中医药大学	1957	
11	福建省医学科学研究院	福建省卫生健康委员会	1980	
12	福建省淡水水产研究所	福建省海洋与渔业局	1984	由分所升格为所
13	福建省闽东水产研究所	宁德市海洋与渔业局	1981	
14	福建省水产研究所	福建省海洋与渔业局	1959	整合重组

这类研究机构更名的主要原因有3种。

1. 隶属单位变更

一些研究机构因为行政隶属关系的调整，名称相应进行变更，但重点研究领域基本未变（表3-2）。

福建省农业科学院茶叶研究所。 1961年成立，前身是创办于1935年的福建省建设厅福安茶业改良场。1970年由福建省农业科学院划归地方，先后更名为福安专区茶叶试验场、福建省宁德地区茶叶科学研究所，1975年再次改隶福建省农业科学院领导，使用现名至今。

福建省计划生育科学技术研究所。 1986年成立，前身是建于1985年的福建省计划生育研究室。2006年，其主管部门由原省计划生育委员会改为省人口与计划生育委员会，研究所名称相应更改为福建省人口和计划生育科学技术研究所，2015年更为现名。

福建师范大学地理研究所。 前身是1958年成立的中国科学院华东分院地理研究所，此后随隶属单位的变更，多次更名。1960年改为福建科学分院（筹）地理研究所，1962年迁厦门筹建海洋研究所（现国家海洋局第三海洋研究所），1965年恢复地理研究所，为福建省科委下属研究单位，附设在福建师范学院。1970年"文革"中随福建师范学院的撤销而停办；1983年恢复福建师范大学地理研究所名称，属省科委编制；2001年改制后进入高校。

2. 研究机构扩大

一些研究机构在研究范围拓展后，机构名称由研究所拓展为研究院，或者将同一主管部门所属的原有的几个研究所整合成立研究院。这些研究机构虽然名称升格为"院"，但限于职级编制，只是规模扩大，机构并未升格，且原有内部的重点研究领域基本稳定（表3-2）。

福建省林业科学研究院。在原福建省林业科学研究所（1958年成立）的基础上扩建而成，1996年更为现名。

福建省环境科学研究院。在原福建省环境保护科学研究所（1978年成立）的基础上扩建而成，2005年更为现名。

福建省水利水电科学研究院。在原福建省水利水电科学研究所（1959成立）的基础上扩建而成，2006年更为现名。

福建省安全生产科学研究院。在原福建省劳动保护科学研究所（1984年成立）的基础上扩建而成，2010年更为现名。

福建省标准化研究院。在原福建省标准情报研究所（1979年成立）和福建省标准化研究所（1985年成立）的基础上扩建而成，2010年更为现名。

福建省医学科学研究院。在原福建省医学科学研究所（1980年成立）的基础上扩建而成，2010年更为现名。

福建省中医药研究院。在原福建省中医药研究所（1957年成立）基础上扩建而成，1992年更为现名。

福建省计量科学研究院。在原福建省计量科学技术研究所（1960年成立）的基础上扩建而成，2010年更为现名。

3. 研究机构升格

一些研究机构随产业发展需要，或在原有基础上扩大规模，由分所升格为研究所；或将相近研究领域的机构进行整合重组成立新的研究机构。这类机构虽然进行了更名，但主要研究领域基本稳定（表3-2）。

福建省淡水水产研究所。前身是1962年成立的福建省水产研究所淡水分所，1984年在原有基础上扩建而成，并更为现名。

福建省闽东水产研究所。前身是1978年成立的福建省水产研究所三沙分所，1981年在原基础上扩建而成，并更为现名。

福建省水产研究所。前身是1957年成立的福建省水产实验所，1959年在原有基础上与福建省水产资源勘察队合并，拓展更名为福建省水产科学研究所，1975年更为现名。

（三）名称和研究领域大幅变更的机构

随着经济社会的快速发展，一些研究机构原有的研究领域已不适应形势发展需要。为更好地服务社会经济发展，适应科技体制改革和行政管理体制改革要求，全省有10家省属公益类科研机构对研究方向与重点进行了较大幅度的调整，并相应变更了机构名称（表3-3）。

表3-3 名称和研究领域大幅变更的省属公益类科研机构

序号	机构名称	现隶属关系	成立时间（年）
1	福建省农业科学院作物研究所	福建省农业科学院	1978
2	福建省农业科学院农业工程技术研究所	福建省农业科学院	1980
3	福建省农业科学院亚热带农业研究所	福建省农业科学院	1958
4	福建省农业科学院农业生态研究所	福建省农业科学院	1983
5	福建省农业科学院生物技术研究所	福建省农业科学院	1989
6	福建省农业科学院水稻研究所	福建省农业科学院	1975
7	福建省农业科学院农业经济与科技信息研究所	福建省农业科学院	1979
8	福建省农业科学院农业质量标准与检测技术研究所	福建省农业科学院	1984
9	福建省武夷山生物研究所	福建省科学技术厅	1979
10	福建省科学技术信息研究所	福建省科学技术厅	1960

福建省武夷山生物研究所。原为福建省科委武夷山自然保护区科学工作站（1979年成立），主要从事生物资源调查等工作。1980年更为现名，除持

续开展野外科研作业外，拓展了研究与服务内容，建设了"中国福建武夷山生物多样性研究信息平台"，推进了武夷山生物资源利用的信息化，在武夷山国家公园内，逐步建成具有区域特色的武夷山森林动态监测样地等研究平台。

福建省农业科学院农业工程技术研究所。原为福建省农业科学院地热农业利用研究所（1980年成立），主要开展利用地热养殖等研究。2005年更为现名，并调整研究方向，逐步转为农业工程和农产品加工技术研究。

福建省农业科学院农业经济与科技信息研究所。原为福建省农业科学院科技情报研究所（1979年成立），主要开展农业科技情报的收集与整理、台湾农业等研究。2005年更为现名，拓展到农业经济、农业信息技术研究，2000年加挂"福建省台湾农业研究中心"牌子。

福建省农业科学院农业生态研究所。原为福建省农业科学院红萍研究中心（1983年成立）。2005年更为现名。从原本单一的红萍资源保存与利用研究，逐步拓展到立体农业、生态农业等技术研发与模式推广。

福建省农业科学院生物技术研究所。原为福建省农业科学院农牧业与红萍生物技术研究中心（1989年成立），主要开展以红萍为主要对象的生物技术研究。1998年更名为生物技术中心，拓展到水稻、花卉等生物技术研究，2005年再次更为现名。

福建省农业科学院水稻研究所。原为福建省农业科学院稻麦研究所（1975年成立），主要开展南方水稻及麦类育种与栽培技术研究。此后，随着福建省麦类种植面积的大幅度下降，2005年更为现名，重点开展水稻研究（原麦类研究划归该院作物研究所）。

福建省农业科学院作物研究所。原为福建省农业科学院耕作轮作研究所（1978年成立）。重点开展福建省主要农作物耕作轮作栽培技术研究。2005年更为现名，转为开展蔬菜、花卉、旱作物育种与栽培技术研究。

福建省农业科学院农业质量标准与检测技术研究所。原为福建省农业科学院中心实验室（1984年成立），重点开展农业科研检验检测研究与服务工作。2016年更为现名，拓展了农业质量标准和农产品安全检测技术研究。

福建省农业科学院亚热带农业研究所。原为福建省农业学院蔗麻研究所

（1958 年成立），重点开展甘蔗和红黄麻育种与栽培技术研究。随着麻类和甘蔗产业的萎缩，研究方向和重点不断调整，1985 年更名为甘蔗研究所，2016 年再次更为现名，研究方向调整为亚热带农作物育种与技术创新。

福建省科学技术信息研究所。原为福建省科学技术情报研究所（1960年成立），主要开展科技情报资料的收集与分析研究。1993 年更为现名，增加科技信息化研究。2002 年加挂"福建省生产力促进中心"牌子。

二、福建省属公益类科研机构的主要职责

中华人民共和国成立后尤其是改革开放以来，随着我国科技体制的逐渐完善、国家对科技投入的大幅度增加，福建省属公益类科研机构的发展进一步加快，创新水平和服务能力有了质的提升。公益类科研机构按照自身的职责定位，认真履行公共基础性科研、重大公益性科学研究、农业领域相关研究和其他公益性研究，积极向社会提供技术推广、技术指导、咨询等公共服务，有力推动了社会科学技术水平进步，为福建省经济社会发展作出积极贡献。

（一）引领区域公共基础性科学研究创新

在福建区域创新体系中，面对社会效益显著而经济效益不明显的公共基础性科学研究领域，省属公益类科研机构担当着排头兵角色，发挥着不可替代的作用。

长期以来，在政府的大力支持下，福建省属公益类科研机构创新物质技术基础不断夯实，装备了大批先进的大型设备装置等重要战略资源。截至2018 年，全省 37 家公益类科研机构拥有 7.47 亿元的科学仪器设备，建有水稻国家工程实验室、海洋生物种业技术国家地方联合工程研究中心等 7 个国

家科技创新平台和59个省级科技创新平台①，因而成为全省科技创新举足轻重的力量。如福建省中医药研究院，该院的经络研究团队科研成果达到国内外先进水平，2002年被国家中医药管理局列为第一批针灸生理学三级实验室；2009年，被国家中医药管理局列为福建省唯一的国家中医药管理局经络感传重点研究室。持续改善的创新条件，使这些科研机构的创新能力显著增强，为全省战略高技术研究、国家和省部级重大专项实施等提供了重要的支撑。2009—2018年，37家公益类科研机构累计获得福建省科学技术进步奖223项（不论排名），占全省11.55%，其中科学技术重大贡献奖2人，一等奖18项，二等奖89项，三等奖114项；专利授权数（不论排名）达1 551件，其中发明专利694件。

公益类科研机构获取的研究成果经过实践检验，在科学技术基础性研究和社会公共科学技术事业方面创造显著效益。以福建省微生物研究所为例，近60年来，该所坚持以微生物药物研发为主要发展方向，通过持续承担国家科技攻关项目、国家高技术研究计划（863计划）项目及福建省重大科技专项等重大科研开发课题，在全国率先筛选并开发成功新抗生素庆大霉素、西梭霉素，新型高效免疫抑制剂环孢素、雷帕霉素（西罗莫司），免疫增强剂胞必佳等多种重要医药品种，填补了国内空白，并成功推向工业化生产，对增加我国医药新品种、推动医药工业发展发挥了积极作用。

（二）保障区域现代农业生产的可持续发展

在农业领域的相关研究与服务中，以福建省农业科学院为主干力量的省属农业类科研院所，着力强化种业创新与农业高新技术研发，有力支撑了区域特色现代农业的发展。

以农业优良品种选育为例，多年来，以谢华安院士为代表的科技人员选育出大批优良新品种。福建省农业科学院选育的水稻、马铃薯、茶叶、果树、食用菌等农作物新品种占全省的60%~90%，其中水稻品种占全省水稻

---

① 科技创新平台：根据2017年《国家科技创新基地优化整合方案》中指定的科学与工程研究、技术创新与成果转化、基础支撑与条件保障三类统计。以下类同。

种植面积的60%以上,使全省水稻品种基本实现每3~5年更换一次;枇杷、龙眼品种分别占全省新植面积的90%以上和60%左右;茶树新品种占全省的80%,在全国推广100多万亩,居全国同类良种推广之首;育成的优质白羽半番鸭品种广泛推广应用,至今仍占我国优质肉鸭养殖量的30%。谢华安院士在20世纪80年代育成的杂交水稻"汕优63",仅一个新品种至今就已累计推广10亿多亩,增产稻谷700亿千克,增收近700亿元,连续15年成为中国种植面积最大的水稻良种,是国内推广面积最广、推广时间最长、增产效果最显著的杂交水稻良种,为福建乃至全国的粮食安全作出了突出贡献。近十年来,全省公益类科研机构共完成水稻、茶叶、果树、食用菌、花卉、畜禽、水产等农业主导产业的品种审(认、鉴)定、登记约583个,植物新品种权61个,有力推动了农作物品种尤其是主导作物品种结构的调高调优。

再以先进种(植)养(殖)技术研发为例,近20年来,围绕农业增产增收与可持续发展,全省农业科研机构组织开展了化肥农药减施增效、畜禽健康养殖与疫病防治、作物绿色防控、畜禽污染治理与循环农业、生态果(茶)园模式等关键技术研发,有力支撑和引领了全省农业的绿色发展。如福建省农业科学院植物保护研究所张艳璇研究员从20世纪90年代末就带领团队对福建省毛竹螨害灾害进行研究,率先提出"利用捕食螨携菌多靶标控制害虫害螨"理论并形成自主知识产权,1998—2017年以螨治螨生防技术在全国柑橘、棉花、板栗、茶、蔬菜、苹果等产区推广4 000多万亩次,田间应用天敌费用仅为化学防治的30%,作物产值提高5%~15%,年减少农药使用量40%~60%。

(三) 推动区域重要行业共性技术的进步

省属科研机构是全省技术创新主体和重大关键前沿技术创新基地,是行业技术进步的重要引领者和推动者。

相较于开发类科研机构,公益类科研机构主要投身于一些难以得到相应经济回报的产业共性技术研发,服务于行业的共同技术进步。如福建省武夷山生物研究所在20世纪末牵头组织完成规模宏大、跨度达10年之久的武夷山"十年"科学考察工程,涉及全国 43 个科研机构近千人参加,为福建省武夷山国家级自然保护区的建立和保护提供科学依据。该所在 20 世纪 90 年代研究成功的大红袍无性繁殖技术,实现了大红袍这一珍稀品种的大面积繁育推广,为大红袍产业的发展提供了关键的技术引领和支撑。再如福建省机械科学研究院,是福建省一家机、电、仪的研发、中试及产品检验的综合性科研机构,改革开放以来,全院共完成科研项目 400 多项,获奖项目达 139 项,科技成果转化率达 90%以上。据不完全统计,新产品、新工艺的推广应用,为福建省各企业增加产值达 100 亿元以上[1]。再如福建省农业科学院食用菌研究所,该所育成的双孢蘑菇杂交新品种 As2796 首次解决了国内外普遍存在的高产与优质难以兼得的矛盾,扭转了我国双孢蘑菇靠国外引种栽培的局面,As2796 系列占全省蘑菇用种量的 95%,全国的 80%。建立了国内第一个双孢蘑菇遗传变异模式和杂交育种体系并申请专利,1989 年以来,累计推广 20 亿平方米,生产鲜菇 2 000 万吨,鲜菇产值 1 000 多亿元,出口创汇 48 亿美元[2]。

这些公益类科研机构,通过公益性技术服务,解决福建省行业发展亟须解决的基础性、共性和关键技术问题,带动全行业的发展,但科研机构自身则难以得到,或很少得到相应的直接经济收益。

(四) 满足区域和谐发展对公共安全技术的需求

区域社会公益事业,包括劳动安全、环境保护、计划生育、防洪减灾、生物资源调查、体育医药等;技术基础工作,包括标准、测试、计量、情报、观测等,这些领域的技术研发与服务,是开发性或营利性机构不愿或不能开展的,只能由公益类科研机构承担。

省属公益类科研机构利用现有的资源和资质,从事公共技术攻关、咨询服务和社会公益事务的监测与评价等业务,为公益领域的基础性、突发性科学研究和技术提供支持。如福建海洋研究所"延平 2 号"海洋科学考察船是全国唯一的省级地方管理的海洋综合调查船,能乘载海洋科考人员 32 人,在中国沿海全海域进行各种海洋科学调查活动,已成为国内台湾海峡和南海海洋调查与科研的重要平台。再如福建省标准化研究院，自2012年以来，持续为全省行政审批标准化工作提供技术支撑，指导32家行政服务中心建立覆盖行政服务全过程的行政服务标准体系，为福建省开展行政审批标准化工作提供理论支撑。福建省安全生产科学研究院是福建省重要的安全科研和安全生产技术支撑机构，主要为生产事故预防、控制和职业健康方面提供科技服务。截至2018年，福建省计量科学研究院建立了覆盖贸易结算、安全防护、医疗卫生、环境监测、行政执法等领域及服务战略性新兴产业的省级社会公用计量标准332项，已通过国家实验室认可的校准能力606项，检测能力119项。法定计量授权检定项目516项，校准项目603项，取得6个国家型式评价实验室资质；建成了国家城市能源计量中心、国家蒸汽流量计产品质检中心、国家光伏产业计量测试中心等3个国家级检测中心；获批建设2个省级重点实验室、1个省级公共服务平台，不仅能够为福建省石化、机械、电子等重点产业发展提供可靠的技术支撑，而且可为医疗、交通、贸易等相关领域民生计量提供有效保障。

三、福建省属公益类科研机构的基本情况

经过中华人民共和国成立后60多年的发展，福建省属公益类科研机构多数呈现不断壮大的趋势，人才队伍逐步壮大，科研条件持续改善，创新水平和服务能力不断提升。

（一）科技人员

1. 从业人员

2018年，全省37家公益类科研机构共有从业人员2 789人，平均每家机构75.4人。从业人员中，从事科技活动人员2 445人，占从业人员总数的87.67%；从事生产经营活动人员11人，占0.39%；其他人员333人，占

11.94%。近年来，按照省属公益类科研机构分类改革要求，省属公益类科研机构按非营利性机构管理和运行，从事生产经营活动人员数量处于持续减少趋势。

37家公益类科研机构中，从业人员最多的有354人（福建省计量科学研究院），最少的9人（福建省武夷山生物研究所）。100人以上的研究机构有8家，50~99人的有17家，26~49人的有8家，少于25人的有4家（表3-4）。

表3-4　2018年福建省属公益类科研机构人员规模

机构规模	数量（家）	机构名称及从业人员数
200人以上	1	福建省计量科学研究院（354人）
100~199人	7	福建省水产研究所（164人），福建省农业机械化研究所（145人），福建省农业科学院水稻研究所（114人），福建省科学技术信息研究所（111人），福建省农业科学院畜牧兽医研究所（107人），福建省林业科学研究院（105人），福建省中医药研究院（104人）
50~99人	17	福建省微生物研究所（89人），福建省农业科学院果树研究所（86人），福建省环境科学研究院（81人），福建省淡水水产研究所（78人），福建省农业科学院茶叶研究所（78人），福建省农业科学院生物技术研究所（75人），福建省医学科学研究院（73人），福建省农业科学院植物保护研究所（70人），福建海洋研究所（68人），福建省水利水电科学研究院（66人），福建省农业科学院农业工程技术研究所（63人），福建省农业科学院农业生物资源研究所（63人），福建省农业科学院农业质量标准与检测技术研究所（62人），福建省农业科学院作物研究所（60人），福建省安全生产科学研究院（56人），福建省农业科学院农业生态研究所（56人），福建省农业科学院农业经济与科技信息研究所（55人）
26~49人	8	福建省测试技术研究所（49人），福建省农业科学院土壤肥料研究所（49人），福建省农业科学院亚热带农业研究所（46人），福建省热带作物科学研究所（46人），福建省标准化研究院（43人），福建省体育科学研究所（35人），福建省农业科学院食用菌研究所（30人），福建师范大学地理研究所（30人）
25人以下	4	福建省闽东水产研究所（24人），厦门大学抗癌研究中心（24人），福建省计划生育科学技术研究所（21人），福建省武夷山生物研究所（9人）

2. 高层次人员

2018年，37家科研机构拥有博士毕业253人，占10.35%；平均每家机构6.8人。有10家机构博士毕业生占比超过15%，最高的达到83.3%（福建师范大学地理研究所）。有13家机构占比在5%以下，其中有8家机构没有博士毕业生。可见,高学历人员引进已成为一些公益类科研院所亟需解决的问题。

高级职称人数方面,2018 年,37 家公益类科研机构拥有高级职称人数912 人,占科技活动人数总数的 37.3%,平均每家机构 24.4 人。有 7 家机构的高级职称人数占科技活动人数之比超过 50%,其中,占比最高的机构为 90%(福建师范大学地理研究所),占比低于 25% 的有 6 个(福建省计量科学研究院、福建省农业科学院农业质量标准与检测技术研究所、福建省体育科学研究所、福建省武夷山生物研究所、福建省医学科学研究院、福建省农业科学院茶叶研究所)。

3. 科技活动人员

科技活动人员是科研机构科技创新活动的主要力量,其结构和质量在一定程度上决定了机构从事科技创新与科技服务的能力与发展潜力。

2018 年,37 家科研机构中,科技活动人员以课题活动人员为主,共有 1 763 人,占 72.11%,是这些机构中具有科技创新能力的重要群体。科技管理人员和科技服务人员分别占 13.87% 和 14.03%(图 3-1)。2011 年以来,课题活动人员和科技管理人员的数量和占比均略有增长,数量年均增长率分别为 1.58% 和 3.36%。而科技服务人员的数量和占比呈现减少趋势,数量年均增长率为 -7.43%。从总体上看,近年来机构已基本形成相对稳定的科技活动人员结构,科技管理人员、课题活动人员、科技服务人员比例约 13∶71∶16。

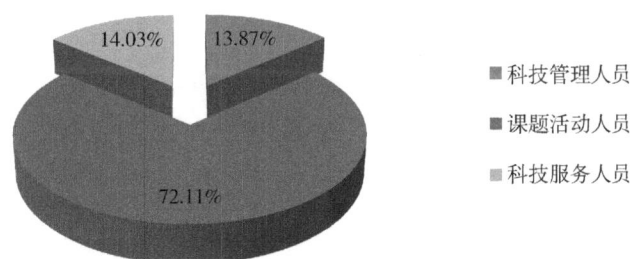

图 3-1　2018 年福建省属公益类科研机构科技活动人员构成占比

科技活动人员中,从事农业科学研究与试验发展的人员最多,有 1 270 人,占 51.94%;其次是工程与技术研究和试验发展,646 人,占

26.42%;医学研究与试验发展251人,占10.27%;社会人文科学研究183人,占7.48%;自然科学研究与试验发展95人,占3.89%(图3-2)。

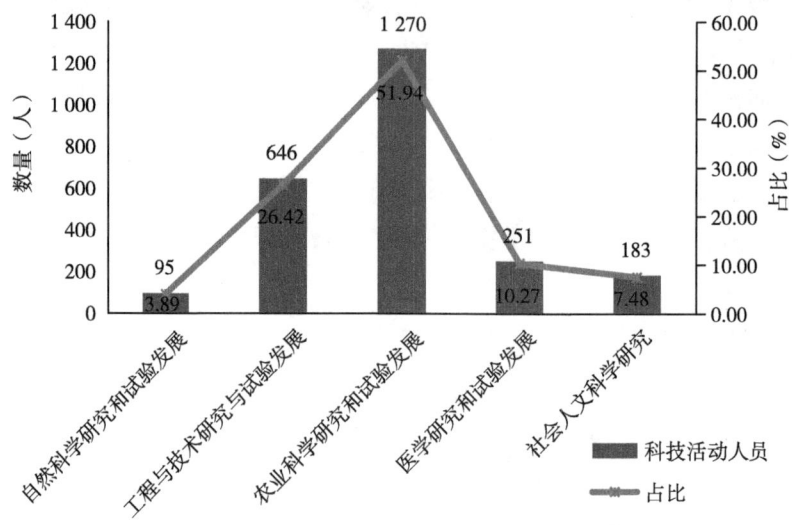

图3-2 福建省属公益类科研机构科技活动人员行业分布

从各家科研机构分析,2018年,37家机构共有从事科技活动人员2 445人,平均每家机构66人。最多的是福建省计量科学研究院(284人),最少的是福建省武夷山生物研究所(9人)。

(二) 承担课题

2014—2018年,全省37家公益类科研机构共承担国家、地方等各类科研课题7 474项,平均每家机构约202项,机构中承担课题最多的达到544项(福建省农业科学院畜牧兽医研究所),最少的仅承担了12项(福建省武夷山生物研究所)。24家机构承担了100项以上的课题,也有5家机构承担课题在20项以下。

按科技活动人员人均计算,5年间,37家机构人均承担课题3.06个,其中最多的承担了17.57个(福建省师范大学地理研究所),最少的仅0.30个(福建省安全生产科学研究院)。人均承担5个以上课题的科研机构有10

家，人均承担1个以下课题的科研机构有6家。按5年平均计算，37家机构每年人均承担课题0.61个，其中最多的承担了3.51个（福建省师范大学地理研究所），最少的仅0.06个（福建省科学技术信息研究所）。

承担课题的数量，在一定程度上体现了科研机构的工作量，人均相差悬殊，也反映了科研机构在履行职责的能力和水平间存在极大差距。

（三）科技产出

1. 获奖科技成果

2014—2018年，福建37家省属公益类科研机构以第一单位共获得福建省科技重大贡献奖2项，自然科学、科技进步、社会科学奖95项（为便于统计和比较，凡参与获得的各类奖项均不计算）。这95项成果奖励分别被21家研究机构获得，其中获得5项以上（年均1项以上）的科研机构有10家，获奖数量最多的福建省农业科学院果树研究所共获得10项成果奖励，年均2项，但同期还有超过1/3的省属科研机构（16家）获奖数为零（表3-5）。

表3-5 2014—2018年福建省属科研机构获省级成果奖励情况

序号	机构及获奖数量	年份	福建省科学技术进步奖			其他奖项
			一等	二等	三等	
1	福建省农业科学院果树研究所（10项）	2014		2	1	
		2015			1	
		2016		1	1	
		2017		1		
		2018		1	2	
2	福建省农业科学院畜牧兽医研究所（9项）	2014		1		
		2015		2	1	
		2016			2	
		2017	1		1	
		2018	1			

（续表）

序号	机构及获奖数量	年份	福建省科学技术进步奖			其他奖项
			一等	二等	三等	
3	福建省农业科学院植物保护研究所（8项）	2014			2	2018年度，1人获省科技重大贡献奖
		2015		1		
		2016		1	1	
		2017			1	
		2018	1			
4	福建省农业科学院农业生态研究所（8项）	2014		1	2	
		2015			2	
		2016	1		1	
		2017		1		
5	福建省林业科学院（8项）	2014			1	
		2015	1	3		
		2016	1			
		2017		1		
		2018	1			
6	福建省水产研究所（6项）	2014		1	1	
		2015			2	
		2016		1		
		2017			1	
7	福建师范大学地理学院（9项）	2014		1	2	获省自然科学奖二等奖1项、社会科学三等奖3项
		2017		1		
		2018		1		
8	福建省农业科学院农业工程研究所（6项）	2014		1	1	
		2015			2	
		2018			2	
9	福建省农业科学院作物研究所（5项）	2014			1	
		2015		1		
		2016		1		
		2018		1	1	

(续表)

序号	机构及获奖数量	年份	福建省科学技术进步奖 一等	二等	三等	其他奖项
10	福建省农业科学院土壤肥料研究所（5项）	2014		2		
		2015			1	
		2016		1		
		2017			1	
11	福建省农业科学院农业生物资源研究所（4项）	2015			1	
		2016	1			
		2017		1	1	
12	福建省计量科学研究院（4项）	2015		1	1	
		2016	1		1	
13	福建省农业科学院科技干部培训中心（3项）	2015			1	
		2017		1		
		2018		1		
14	福建省农业科学院食用菌研究所（2项）	2014				1人获省科技重大贡献奖
		2016			1	
15	福建省农业科学院生物技术研究所（2项）	2015	1			
		2017			1	
16	福建省农业科学院水稻研究所（2项）	2014	1			
		2018			1	
17	福建省农业科学院农业质量标准与检测研究所（2项）	2015		1		
		2017		1		
18	福建省农业科学院茶叶研究所（1项）	2015		1		
19	福建省农业科学院农业经济与科技信息研究所（1项）	2016				社会科学三等奖1项
20	福建省水利水电科学研究院（1项）	2018			1	
21	福建省农业科学院亚热带农业研究所（1项）	2018		1		
	合计		11	37	42	

资料来源：根据福建省政府历年关于科技奖励文件整理。

2. 其他知识产权

在其他知识产权的获取方面，2014—2018 年，福建 37 家省属公益类科研机构共获得 1 301 项植物新品种发明专利授权、实用新型专利授权、外观设计专利授权、软件著作权等，226 项国家、省审定（认定、鉴定、登记）品种，主导制定了 152 项国家、地方及行业标准，以上合计平均每个机构约 46 项。出版 117 部专著（编著、译著），发表论文 7 199 篇，平均每个机构约 3 部著作和 195 篇论文。两者相加，获得 200 项（篇、个）以上的有 17 家，其中获得最多的是福建省农业科学院畜牧兽医研究所（871 项/篇、个）；有 6 家不足 50 项（篇、个），最少的是福建省武夷山生物研究所，仅有 4 篇论文，年均产出不足 1 篇论文；福建省计划生育科学技术研究所也仅有 11 篇论文。

3. 技术转化收益

2014—2018 年，福建 37 家省属公益类科研院所采取多种方式，积极推进研发成果的转化和产业化。5 年间，共签订技术转化合同 17 504.5 项，转化金额 34 059.74 万元，年均实现技术转化约 6 812 万元。

37 家机构中，技术转让收益最高的达 11 835 万元（福建省海洋研究所），平均每年收益 2 367 万元。此外，还有 1 家机构收入超过 4 200 万元（福建省环境科学研究院），有 6 家机构收入在 1 000 万~2 000 万元。与此同时，也有 7 家机构收入不足 100 万元，即年均转化收入不足 20 万元，福建省体育科学研究所、福建省武夷山生物研究所转化收入为零，福建省闽东水产研究所转化收入仅为 13 万元，年均不足 3 万元。

（四）科技平台与仪器设备

科研平台和仪器设备是科学研究与科技服务的必要保障。随着财政支持力度的不断加大，科研机构获得的科技投入不断增加，省属公益类科研机构的科技平台与仪器设备条件大为改善。

1. 科技平台

截至 2018 年，全省 37 家公益类科研机构共有国家级、省级各类科技创新平台66个，平均每家研究机构约1.78个，其中7家机构有4个及以上平台，5家机构有3个平台，6家机构有2个平台，5家机构有1个平台，还有14家机构没有国家和省级科技创新平台。

2. 仪器设备

截至2018年，37家公益类科研机构拥有科学仪器设备原值7.47亿元。拥有科研仪器设备原值1 000万元以上的机构有22家，其中3 000万元以上的3家（福建省计量科学研究院、福建省水产研究所、福建省微生物研究所），1 000万~3 000万元的19家，1 000万元以下的研究机构有15家，有7家机构科研仪器设备原值在500万元以下，福建省武夷山生物研究所最少，仅有157.70万元。

四、福建省属公益类科研机构科技创新的主要问题

由于历史和现实的多重因素影响，福建省37家公益类科研机构的创新发展还存在一些问题。

（一）科研机构间创新绩效差异大

1. 科技产出差距大

科技产出是科研机构工作绩效的主要标志，能够代表科研机构科技产出水平的主要是获奖、专利、品种、标准、论文、论著等，在这方面，37家省属公益类科研机构差距极大。

2014—2018年的5年间，37家省属公益类科研机构以第一单位获得省科技重大贡献奖2项（人），获得自然科学、技术发明、科技进步三大奖87项，分别占同期全省相应奖项总数的33.33%和9.11%，其中获得的主要奖项是科技进步奖（86项），占全省同类奖项的9.93%（表3-6）。另外，在专利、品种、论著等其他知识产权的获取方面，37家省属公益类科研机构平

均每家获取专利授权，国家、省审定（认定、鉴定、登记）品种，国家、地方及行业标准等共约46项，发表3部著作和195篇论文。

表3-6 2014—2018年福建省属公益类科研机构获福建省科学技术奖情况

序号	奖项名称		全省数量（项）	公益类科研机构	
				数量（项）	占比（％）
1	科学技术重大贡献奖（人）		6	2	33.3
2	省自然科学奖	一等奖	12	0	0
		二等奖	18	0	0
		三等奖	28	1	3.57
3	省技术发明奖	一等奖	2	0	0
		二等奖	11	0	0
		三等奖	18	0	0
4	省科学技术进步奖	一等奖	81	12	14.8
		二等奖	268	33	12.3
		三等奖	517	41	7.93

省属公益类科研机构科技活动人员仅占全省科技活动人员总数1%左右，却创造了9%的获奖成果，充分显示了这些机构在全省科技创新中的生力军作用。

但不可否认的是，在科技产出方面，省属公益类科研机构还存在一些问题。

一是基础创新能力不足。在自然科学奖、技术发明奖中，省属公益类科研机构所获寥寥，仅获得1项自然科学三等奖，这虽然与其研究的性质有十分密切的关系，但同时也反映出公益类科研机构在自主创新方面的不足，缺少自然科学奖反映其基础创新能力的薄弱，缺乏技术发明奖则反映其与生产发展结合的能力有待进一步提高。

二是科研机构间创新能力差距大。以单个机构论，5年间，37家省属公益类科研机构中，有21家机构获得成果奖励，其中获得5项以上（年均1项以上）的科研机构有10家，但也有16家没有获奖，直接反映了科研机构间创新水平的差距。在论文（著）方面，单以数量而论，有17家科研机构平均总数量超过200篇（部），数量最多的达到870多篇（部），但最少的仅4篇论文，年均不足1篇论文。可见福建省属公益类科研机构"短板效应"现象突出。

三是农业类比重偏高。以类别论，在全部的95项获奖成果中，福建省农业科学院所属的15家研究机构均有获奖成果，累计获得69项，占同期获奖总数的72.6%，显示在全省的社会公益事业、技术基础、农业科学研究3类公益类科研机构中，农业科学研究类一枝独秀，而社会公益事业和技术基础两类科研机构的创新水平亟待提高。

2. 课题任务轻重不均

承担必要的研究课题是科研机构的主要任务和基本职责，也是科研机构开展科学研究的基本保证。在这方面，福建省属公益类科研机构存在较为严重的不均衡现象。

一是工作任务轻重不均。2014—2018年5年间，37家省属公益类科研机构承担各类课题7 474项，平均每个研究机构约202项，其中承担课题最多的有540多项，最少的仅12项。承担课题任务的轻重，直接反映在课题人员全时工作量上，这5年间，37家公益类科研机构中，有7家课题人员全时工作量超过300人年，其中最多的福建省计量科学研究院达到792.8人年；大多数（19家）课题人员全时工作量在100~300人·年；有5家在50~100人·年，另有6家在50人·年以下，其中最少的福建省计划生育科学技术研究所仅为12.7人·年，课题人员全时工作量最多的与最少的之间相差62倍（表3-7）。

表3-7 2014—2018年福建省属公益类科研机构课题人员折合全时工作量

序号	课题人员全时工作量	机构名称
1	500人年以上	福建省计量科学研究院
2	300~499人年（6家）	福建省农业科学院水稻研究所、福建省农业科学院畜牧兽医研究所、福建省微生物研究所、福建师范大学地理研究所、福建省水产研究所、福建省农业科学院生物技术研究所

(续表)

序号	课题人员全时工作量	机构名称
3	100~299人年（19家）	福建省农业科学院植物保护研究所、福建省中医药研究院、福建省农业科学院茶叶研究所、福建省农业机械化研究所、福建省农业科学院作物研究所、福建省农业科学院农业生物资源研究所、福建省医学科学研究院、福建省农业科学院果树研究所、福建省农业科学院农业工程技术研究所、厦门大学抗癌研究中心、福建省农业科学院农业生态研究所、福建省农业科学院土壤肥料研究所、福建省热带作物科学研究所、福建省水利水电科学研究院、福建省农业科学院农业质量标准与检测技术研究所、福建省林业科学研究院、福建省农业科学院农业经济与科技信息研究所、福建省农业科学院亚热带农业研究所、福建省淡水水产研究所
4	50~99人年（5家）	福建省环境科学研究院、福建省农业科学院食用菌研究所、福建省安全生产科学研究院、福建省闽东水产研究所、福建海洋研究所
5	20~49人年（3家）	福建省科学技术信息研究所、福建省体育科学研究所、福建省测试技术研究所
6	19人年以下（3家）	福建省标准化研究院、福建省武夷山生物研究所、福建省计划生育科学技术研究所

鉴于不同科研机构规模大小有别，科技活动人员数量不同，为便于比较，再按科技活动人员人均计算，5年间省属公益类科研机构人均最多的承担了科技课题17.57个，最少的仅0.30个，两者也相差58倍。

由于编制的限制，省属公益类科研机构人员总数在5年内变动不大，本研究以2018年为基数，可以直观地看出各家机构科技人员工作量的大小。课题活动人员年人均全时工作量最多的福建师范大学地理研究所等前3家科研机构，基本上是满负荷工作（统计口径方面可能存在的问题暂且不论），而人均全时工作量较少的福建省林业科学研究院等6家机构，工作量只是他们的1/10（表3-8）。

表3-8 2018年福建省属公益类科研机构课题人员人均全时工作量

序号	课题人员人均全时工作量	机构名称
1	≥1（15家）	福建师范大学地理研究所、福建省水产研究所、福建省武夷山生物研究所、福建省农业科学院农业质量标准与检测技术研究所、福建省医学科学研究院、福建省农业科学院水稻研究所、福建省农业科学院农业生态研究所、厦门大学抗癌研究中心、福建省农业科学院食用菌研究所、福建省微生物研究所、福建省农业科学院畜牧兽医研究所、福建省农业科学院亚热带农业研究所、福建省农业科学院农业经济与科技信息研究所、福建省中医药研究院、福建省农业科学院作物研究所

(续表)

序号	课题人员人均全时工作量	机构名称
2	0.5~1（16家）	福建省水利水电科学研究院、福建省农业科学院茶叶研究所、福建省计量科学研究院、福建省农业科学院农业工程技术研究所、福建省农业科学院生物技术研究所、福建省农业科学院植物保护研究所、福建省农业科学院农业生物资源研究所、福建省热带作物科学研究所、福建省农业机械化研究所、福建省农业科学院土壤肥料研究所、福建省安全生产科学研究院、福建海洋研究所、福建省农业科学院果树研究所、福建省淡水水产研究所、福建省闽东水产研究所、福建省体育科学研究所
3	≤0.5（6家）	福建省林业科学研究院、福建省环境科学研究院、福建省计划生育科学技术研究所、福建省科学技术信息研究所、福建省标准化研究院、福建省测试技术研究所

二是课题结题率有待提高。课题结题率体现了科研机构的研究能力和管理水平，不能按时结题是福建少数省属公益类科研机构长期存在的一个老大难问题。多年来，尽管省科技主管部门将提高课题结题率作为狠抓课题管理的目标之一，在一系列措施的强力推动下，省属公益类科研机构的课题结题率逐年提高，但少数科研机构结题率不高的问题仍然较为突出。2009—2018年，福建省属公益类科研机构有6家承担课题结题率在90%以上，其中仅有1家达到100%；有5家在80%~90%，有21家在50%~70%；另有6家在50%以下，最低的福建省计划生育科学技术研究所仅12.5%（表3-9）。

由此可见，强化相关政策管理，探索更加有针对性的措施，督促科研机构和科技人员提高课题结题率，仍是今后科研管理的一项重要任务。

表3-9 2009—2018年福建省属公益类科研机构课题结题情况

序号	结题率	机构名称
1	100%	福建省农业科学院农业质量标准与检测技术研究所
2	90%~95%	福建省安全生产科学研究院、福建省闽东水产研究所、福建省标准化研究院、福建省农业科学院土壤肥料研究所
3	80%~89%	福建省农业科学院茶叶研究所、福建省农业科学院果树研究所、福建海洋研究所、福建省农科院农业生物资源研究所、福建省农业科学院植物保护研究所

(续表)

序号	结题率	机构名称
4	70%~79%	福建省农业科学院食用菌研究所、福建省农业科学院畜牧兽医研究所、福建省微生物研究所、福建省体育科学研究所、福建省中医药研究院、厦门大学抗癌研究中心、福建省热带作物科学研究所、福建省农业科学院作物研究所、福建省农业科学院水稻研究所、福建省林业科学研究院
5	60%~69%	福建省农业科学院生物技术研究所、福建省计量科学研究院、福建省科学技术信息研究所、福建省农业科学院农业经济与科技信息研究所、福建师范大学地理研究所、福建省农业科学院亚热带农业研究所、福建省农业科学院农业工程技术研究所、福建省医学科学研究院
6	50%~59%	福建省农业科学院农业生态研究所、福建省水利水电科学研究院、福建省农业机械化研究所
7	40%~49%	福建省测试技术研究所、福建省环境科学研究院
8	30%~39%	福建省水产研究所、福建省淡水水产研究所
9	20%~29%	福建省武夷山生物研究所
10	10%~19%	福建省计划生育科学技术研究所

三是面向市场争取课题不足。省属公益类科研机构的主要职责定位是开展无法得到充分经济回报的基础研究或应用基础研究,向社会提供公共服务,需要公共财政稳定地给予支持。基于此,福建37家省属公益类科研机构的经费主要是依赖政府资金投入,面向市场的能力、主动性、积极性均显不足。

2014—2018年,37家省属公益类科研机构在研R&D课题经费内部支出合计144 252.96万元,其中政府资金133 497.20万元,占经费内部支出的92.54%(表3-10)。

表3-10 2014—2018年福建省属公益类科研机构在研R&D课题经费支出情况

年份	经费内部支出(万元)	政府资金(万元)	政府资金占比(%)
2014	22 414.44	19 554.82	87.24
2015	22 454.00	21 529.73	95.88
2016	26 840.99	25 489.59	94.97
2017	30 747.40	27 932.93	90.85
2018	41 826.13	38 990.13	93.22
合计	144 252.96	133 497.20	92.54

再以单个机构而论,有 32 家机构在研 R&D 课题经费内部支出中政府资金占经费内部支出的 90% 以上,其中 16 家科研机构内部支出 100% 为政府资金,另有 6 家科研机构政府资金占比在 99% 以上,接近 100%。与此同时,37 家公益类科研机构中,也有 3 家的政府资金占经费内部支出已经低于 60%,其中最低的为福建省安全生产科学研究院,政府资金占内部支出比仅为 24.35%,已低于 1/4(表 3-11)。

表 3-11 2014—2018 年福建省属公益类科研机构
在研 R&D 课题经费政府资金支出占比

序号	政府资金占比	机构名称
1	100%	福建海洋研究所、福建省测试技术研究所、福建省淡水水产研究所、福建省环境科学研究院、福建省计划生育科学技术研究所、福建省科学技术信息研究所、福建省林业科学研究院、福建省闽东水产研究所、福建省农业科学院茶叶研究所、福建省农业科学院农业工程技术研究所、福建省农业科学院农业质量标准与检测技术研究所、福建省农业科学院作物研究所、福建省水产研究所、福建省体育科学研究所、福建省武夷山生物研究所、福建省中医药研究院
2	95%~99%	福建省农业科学院水稻研究所、福建省农业科学院畜牧兽医研究所、福建省农业科学院植物保护研究所、福建省农业科学院亚热带农业研究所、福建省水利水电科学研究院、福建省农业科学院土壤肥料研究所、福建省农业科学院农业生态研究所、福建省标准化研究院、福建省农业科学院果树研究所、福建省微生物研究所、福建省农业科学院农业生物资源研究所、福建省农业科学院农业经济与科技信息研究所、福建省农业科学院生物技术研究所、福建省农业科学院食用菌研究所
3	80%~95%	福建省农业机械化研究所、厦门大学抗癌研究中心、福建师范大学地理研究所、福建省医学科学研究院
4	≈60%	福建省计量科学研究院
5	≈30%	福建省热带作物科学研究所
6	≈25%	福建省安全生产科学研究院
		平均 92.52%

(二)多数科研机构市场对接能力弱

公益类科研机构的特征之一就是为社会提供公共服务,从严格意义上来说,它是不能从事创收的。按照福建省事业单位分类实施意见(闽政办

〔2014〕21号）文规定，"从事公益服务的事业单位……细分为公益一类和公益二类。公益一类……不得从事经营活动"，但由于政策的不协调，作为公益一类事业单位管理的公益类科研机构，还需要自筹相当一部分比例的绩效和社保等配套资金，同时为提高科技人员的待遇，调动科技人员的积极性，并吸引人才，近年来，从中央到地方相继出台了一系列促进科技成果转移转化的激励政策，福建省人民政府《关于进一步支持省属科研机构加快创新发展的若干意见》（闽政〔2013〕28号）文规定，"鼓励省属科研机构及其科研人员自行创办或以技术入股兴办科技型企业"[3]。《关于进一步促进高校和省属科研院所创新发展政策贯彻落实的七条措施》（闽科综〔2019〕7号）文进一步明确，"支持高校、省属科研院所建立技术转移服务机构，科技成果转移转化后，可在科技成果转化净收入中提取不低于10%的比例，用于机构能力建设和人员奖励"。"高校、省属科研院所开展技术开发、技术咨询、技术服务、技术培训等活动取得的净收入视同科技成果转化收入，可留归本单位自主使用，并按照促进科技成果转化政策规定实施奖励。"[4]

由于职责、服务的对象和目标所限，公益类科研机构的成果和技术服务多数难以直接转化为经济效益，即使部分具备市场化能力的科研机构，其科技成果转化也一直处于低迷状态，由此也导致福建省属公益类科研机构的整体市场对接能力偏弱。

1. 成果转化收益少

受创新与服务领域的制约，公益类科研机构难以从市场获得充分体现成果价值的收益，整体创收能力不高。2014—2018年，福建37家省属公益类科研机构共签订技术转化合同17 504.5项，转化金额34 059.74万元，平均每份合同不足2万元，这其中多数为项目检测的收费（表3-12）。

表3-12 2014—2018年福建省属公益类科研机构技术转化收益情况

序号	机构项目	5年合计	年均
1	技术转化合同数（项）	17 504.5	3 500.9
2	技术转化合同总收入（万元）	34 059.74	6 811.95

以单个机构论，5年间，37家公益类科研机构共实现技术转化

34 059.74 万元，每家机构平均 920 万元，年均约 184 万元。在有 1 家机构（福建省海洋研究所）收入超过 11 835.43 万元的同时，还有福建省水利水电科学研究院等 8 家机构 5 年总收入低于 100 万元（年均不足 20 万元），其中福建省中医药研究院等 2 家科研机构几乎没有任何技术性收入。

2. 非政府资金占比小

由于成果转化收益偏低，财政拨款、承担政府科研项目的收入成为 37 家公益类科研机构科技活动收入的主要组成部分，由此也决定了公益类科研机构以财政为主的科技投入体系。

2018 年，福建 37 家省属公益类科研院所收入总额共计 112 909.8 万元。其中科技活动收入为 99 500.8 万元，占 88.12%，是科研院所收入的主要来源。经营活动收入和其他收入分别为 7360.1 万元和 6 048.9 万元，分别占 6.52% 和 5.36%（图3-3）。

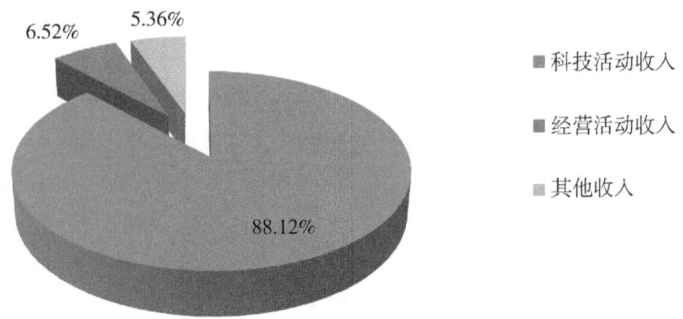

图 3-3　2018 年福建省属公益类科研机构经常费收入构成占比

这 37 家科研机构的科技活动收入中，主要是政府资金，占 87.53%（87 089 万元）；非政府资金仅占 12.47%（12 411.8 万元）。政府资金中，财政拨款 60 705.30 万元，占科技活动收入的 61.01%；承担政府科研项目收入 23 746.40 万元，占科技活动收入的 23.87%。非政府资金中，以技术性收入为主，达 10 692.90 万元，占整个非政府资金的 86.15%，占科技活动收入的 10.75%。

由上可见，省属公益类科研机构在与市场接轨、企业合作、技术转化方面获取的非政府经费还较为有限。2018 年新增科技课题中，与企业合作等其他课题仅占10%。福建省公益类科研机构在过去和将来一段时期内都仍然是以政府资金投入为主。

3. 社会公益性趋弱

由于科研机构分类改革政策的不配套,省属公益类科研机构作为公益一类事业单位,必须部分从事成果创收,以自筹一部分绩效工资、医保配套等经费,导致公益类科研机构不得不成为利益主体,科研活动的经济效益导向与社会公益目标之间的矛盾逐步显现。少数科研机构偏重短、平、快的转化项目,轻视基础性、长远性、全局性的基础性科研工作,带来重大创新成果产出少、科技储备降低、整体竞争力下降等弊端,由此不同程度地弱化了科研机构的社会公益性。

(三) 部分科研机构创新能力弱

由于历史积淀、创新条件等多重因数的影响,福建37家省属公益类科研机构的发展极不平衡,在大部分科研机构不断壮大的同时,也有少数研究机构逐渐走弱,已经难以有效履行科技创新与科技服务的职责。

1. 少数科研机构高层次人才少

必要的、稳定的科技人员是科研单位存在的最基础条件,拥有一批高水平的、在国内外同行中有竞争力的研究人员,也是科研机构竞争力的主要标志。在这方面,福建少数公益类科研机构已相当滞后。

2018年,全省37家公益类科研机构共有从业人员2 789人,平均每个机构75.4人。其中最多的研究机构354人,最少的9人,相差近40倍。研究机构从业人员少于25人的有4家。在博士毕业生等高层次人才方面,福建师范大学地理研究所博士毕业生占科技活动人员总数的比例最高(83.3%),而另有福建省安全生产研究院等8家公益类科研机构则没有博士毕业生。高层次人才是科研单位创新发展的骨干力量,直接决定了机构的创新发展水平与竞争力。从创新与发展的角度来看,博士毕业生和高级职称人数偏低的科研机构,其科技竞争力和创新能力前景堪忧。

2. 部分科研机构科技基础条件薄弱

2018年，全省37家公益类科研机构共有国家级、省级各类科技研发创新平台66个，平均每个研究机构约1.78个，其中福建省农业科学院水稻研究所等7家机构拥有4个及以上国家级、省级创新平台。同时，福建省安全生产科学研究院等14家机构则没有国家和省级科技研发创新平台。在科研仪器设备方面，全省37家公益类科研机构拥有科研仪器设备原值7.47亿元，平均每家约2 000万元，其中10家在平均水平以上，最多的近1.95亿元。但同时，还有福建省武夷山生物研究所等7家科研机构的仪器设备金额在500万元以下，最少的仅150.70万元。

3. 科研机构间综合实力差异大

科技创新基础条件的差异，对省属公益类科研机构的创新能力产生了直接的影响，也将极大地影响这些科研机构未来的持续发展。

从2009年开始，根据《福建省属公益类科研院所基本科研项目及专项资金管理办法》要求，福建省科技主管部门每2~3年对省属公益类科研院所科技创新能力开展一次评估。到目前为止，已先后组织开展了2009—2010年度、2011—2012年度、2013—2015年度、2016—2018年度共四轮评估。

这几轮省属公益类科研院所科技创新能力评估，主要围绕"创新基础""研发成果""创新效益"和"专项管理"四大类进行。在最新一轮（2016—2018年度）的评估中，37家公益类科研机构绩效分数排在前5位的分别是福建省农业科学院水稻研究所、福建省农业科学院畜牧兽医研究所、福建省微生物研究所、福建省海洋研究所和福建省农业科学院作物研究所。这5家机构近3年在科技创新平台、科技课题活动、知识产权、科研成果以及创新效益上取得较大突破。如福建省农业科学院水稻研究所近3年共建成2个国家级和4个省部级创新平台；获得植物新品种权25项，占全省获得植物新品种权总数的80.65%；通过省级品种审定38项，占省级品种审定总数的52.05%。福建省农业科学院畜牧兽医研究所近3年在新增科技课题数、知识产权方面取得较大突破，其中实用新型专利授权数达110项，占总数28.42%。福建省微生物研究所共有3个创新平台，其中近3年内各新增1个国家级和1个省部级创新平台；技术开发（转让）合同总金额达到

1 424.86万元，在所有公益类科研院所中排名第一。福建省海洋研究所在科技活动收入、科技课题内部支出方面均取得突破，尤其是技术服务（咨询）方面，近3年达到1.13亿元，人均达202.52万元，在所有公益类科研院所中排名第一。

参考文献

[1] 福建省机械科学研究院概况［EB/OL］. http：//www.fjams.cn/.

[2] 福建省农业科学院食用菌研究所简介［EB/OL］. http：//www.faas.cn/cms/html/syjyjs/yjsjj/index.html.

[3] 《关于进一步支持省属科研机构加快创新发展的若干意见》（闽政〔2013〕28号）［R］.

[4] 《关于进一步促进高校和省属科研院所创新发展政策贯彻落实的七条措施》（闽科综〔2019〕7号）［R］.

第四章 福建省属公益类科研机构发展战略分析

1985年以来,福建省启动省属科研机构体制机制改革试点工作,科研机构的数量与研究领域发生了多次调整和变革。由于缺乏深入系统和科学的研究与规划,科研机构的调整、撤并、整合、重组存在一定的随意性,影响了省属科研机构在区域科技经济社会发展中作用的发挥。

本章基于SWOT-AHP战略模型,对福建省37家省级公益类科研机构的内部能力和外部环境进行深入分析,采用AHP对内外部影响各因素进行赋权和加权计算,通过先后排序,确定各家机构的总优势度、总劣势度、总机遇度、总挑战度,以此构建发展战略四边形,提出相应的发展战略。

要使公益类科研机构的建设更具科学性,首先应针对科研机构的内在能力和外部环境进行深入分析,提出科研机构的发展战略,在科学把握发展态势基础上,优化科技资源配置和科研事业单位布局,做好科研机构的整合重组工作,并促进科研机构做大做强,为区域创新体系建设跨上新台阶发挥积极的支撑和引领作用。

一、理论依据及可行性分析

SWOT分析法是美国旧金山大学管理学教授海因茨·韦里克在20世纪80年代提出,是最常见的成熟的战略分析方法之一,常被用于企业战略制定和竞争对手分析。SWOT分析的重要贡献是通过将内外部环境中看似独立的因素结合到一起来综合分析,使组织战略规划的制定更加科学系统[3]。传统SWOT模型分析的主要局限是缺乏有效分析决定因素重要性的方法,其可靠性和科学性主要取决于定性分析以及在分析过程中参与者的能力与专业知识等,主观因素占主导地位,分析结果通常同时给出SO、WO、TO、ST战略选择,无法给出最优方案。由于其缺乏动态因素考虑,分析结果极易产生滞后性[4]。胡群[5]、胡新丽[6]等众多学者在SWOT分析中引入层次分析法(AHP),系统评估决策过程中各元素的优先权,从而增强SWOT分析在战略决策中的能力和可信度,实现从不同战略中选择最佳方案。近年来,SWOT-AHP分析已广泛应用于金融、农业、医药、养老、旅游、教育、煤炭等领域和行业的发展研究[4,7~11]。

通过SWOT矩阵分析,对科研机构内部优势(S)、内部劣势(W)、外部机遇(O)、外部挑战(T)4个象限进行两两组合,构成SO、ST、WO、WT发展态势,4种态势组合依次反映机构所处发展情况和相应的战略类型(图4-1)。当处于SO态势,科研机构内部资源丰富,外部环境优越,内外相互协调一致,形成杠杆效应,可充分运用内部优势挖掘外部机会,使两者有效结合,此时机构面临的机会最高,风险最低,适宜采用依靠内部力量、洞察外部环境的"增长型战略"。ST态势,科研机构自身优势突出,但外在环境缺乏机会,内外不相适应,优势难以发挥或受到外在环境的抑制,此时机构面临的风险相对较小,适宜采用发挥内部优势、规避外部威胁的"多元化战略"。WO态势,科研机构自身优势程度不足或降低,甚至居于劣势,外部环境机遇较多,但由于其运行状态具有脆弱性特征,即使面对外来发展机遇,也难以及时把握,机构面临的风险相对较大,适宜采用克服固有弱点、利用外部机会的"扭转型战略"。WT态势,科研机构内部资源缺乏,外部环境充满威胁和挑战,内部劣势与外部威胁同时出现,此时科研机构面临的风险最高,适宜采用减少内部阻力、迎战外部冲击的"防御型战略"[10,12,13]。

第四章 福建省属公益类科研机构发展战略分析

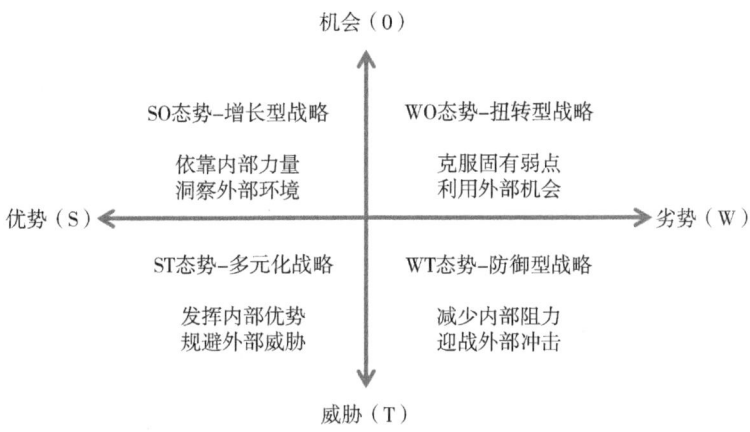

图 4-1 科研机构发展战略矩阵

二、科研机构发展 SWOT-AHP 分析

（一）内部能力分析

创新研究是公益性科研机构存在的首要属性和核心价值，与其他行业相比，其发展更依赖于科技人、财、物力的投入，以及人才培养、研发产出和为产业发展的支撑服务能力等，这些内在发展水平和潜力特性决定了科研机构的生命力。科研机构发展的内部关键因素主要包括 3 个大的方面，分别是创新潜力、创新产出和创新效益[7,14~17]（表4-1）。

1. 创新潜力

创新潜力包括人、财、物的投入。

一是人才队伍。人才直接决定科研机构的生存与发展水平，是重要战略资源和科技创新基础。机构的人才队伍如达不到一定标准，人才不断流失，且在可预见的期限内仍然无法解决这一问题，就必然会丧失持续发展能力。

能够反映科研机构科技人才在创新和技术开发等潜力的有"科技活动人员数""高学历比例""高职称比例"。特别是高水平人才队伍既是机构科技创新人员总体构成状态和潜在技术创新活动能力的体现，也是机构潜在竞争能力中独特技能的反映。

二是科技经费。科技经费投入是科研机构生存与发展的必要保障，能反映机构创新规模、科技创新竞争力等。长期没有课题或课题数量少、课题等级低的，必然失去省级科研机构的研究能力和存在价值。另外公益类科研机构的主要资金来源是财政投入，财政项目绩效直接反映该机构的工作业绩和作为，长期没有业绩或者业绩很小的机构，必然没有发展前途。包括"科技活动收入""人均科技活动收入""政府科技课题经费年均增长率"等。

三是创新条件。平台和设备是科研机构组织高水平基础研究和应用基础研究，聚集和培养优秀科研人才，开展国内外学术交流的重要基地，是机构具有原始性创新能力的科研实体。主要包括科学仪器设备和科技创新平台。"科学仪器设备""人均科学仪器设备"反映机构科学仪器设备对极限研究发展的支撑程度。"科技创新平台"是机构公共科研条件、高水平创新能力以及科研整合能力的集中体现。科研机构既要有较好的基础平台条件，还要有根据创新需要及时更新的能力。如果科研机构得不到必要的支持，平台条件长期得不到更新，其开展创新研究的能力必然会受到削弱。

2. 创新产出

创新产出是科研机构绩效考评最重要的指标，直接体现一个单位在一定时期内的工作成效。创新产出包括产出规模、产出效率。

一是获奖成果。在我国现行对科研机构的评价体系中，获奖科技成果的质量和数量直接反映出科研机构的创新水平与业绩。这些成果应包括国家、省、设区市各级政府的成果奖励，以及具有较大权威性和影响力的社会性成果奖励。

二是论文论著。反映科研机构凝聚研究工作者探索性和创造性劳动程度的产出。包括具有国际影响力的国内科技期刊、业界公认的国际顶级或重要科技期刊的论文，以及其他等。

三是其他知识产权。指科研机构科技创新水平和掌握核心技术的能力,是形成核心竞争力的重要来源,主要有专利、品种、标准、新药证书、新品种权、著作权、集成电路布图设计权、商标权等重要研发成果。

3. 创新效益

创新效益即对经济社会的贡献度,包括效益规模、效益效率。

一是技术开发转让。既能检验科研单位创新成果的实效性,也可从另一个侧面反映科研机构服务社会职责的履职情况。成果转化还可以增加科研机构的经济实力,提高科技人员待遇,增强引进人才的能力。重点分析科研机构利用自身开发出来,通过转让、许可或者作价投资等方式,向企业或者其他组织转移的科技成果。

二是技术服务咨询。指科研机构从事科学技术活动所获得的非政府资金,包括技术咨询、技术服务、学术活动和科普活动收入,该项指标不包括技术开发和技术转让。反映机构向社会提供技术咨询和技术服务、学术活动和科普活动收入等能力。

三是成果推广应用。对科研机构而言,在自然科学领域,成果得到推广应用,从而产生经济、社会与生态效益,是其价值的最终也是最主要的体现,也是其为经济社会发展做出贡献的重要标志;在软科学研究领域,从技术经济角度为各级政府和领导提供有价值的决策咨询报告,被采纳应用,可以直接推动相关政策法规的制定和修订,从而间接推动经济社会的发展,也是科研机构为社会做出的重要贡献之一。

(二) 外部环境分析

外部环境不仅为公益类科研机构的科技创新活动提供各种所需要素,更重要的是为机构的自主创新设定重要的制度基础与设施条件,包括政治、经济、法律、科技、社会等诸方面要素。影响科研机构发展的外部关键因素包括政府政策支持、行业市场潜力、公益服务属性等[18,19](表4-1)。

1. 政府政策支持

公益科研机构以向全社会提供公共技术和公益服务为主要任务,这些任务是《国家中长期科学和技术发展规划纲要（2006—2020年）》确定的重要科研领域。2007年科技部、财政部、中编办联合印发《关于加大对公益类科研机构稳定支持的若干意见》（国科发政字〔2007〕765号），2008年福建省科技厅、财政厅、省编办、人事厅联合印发《关于加大对公益类科研机构稳定支持的若干意见》（闽科政〔2008〕39号），2013年福建省人民政府印发《关于进一步支持省属科研机构加快创新发展的若干意见》（闽政〔2013〕28号），国家和省政府积极的宏观政策和行业支持政策，为营造福建省属公益类科研机构自主创新环境，提高科技创新效率起着越来越重要的作用。

2. 行业市场潜力

行业市场潜力指科研机构科技创新活动是否与目前行业发展重大需求保持一致，是否与同领域国际科技创新发展趋势保持一致，是否有利于增强区域创新体系的建设，是否有利于引领行业技术进步，以上要素在很大程度上决定了科研机构的投入强度和战略选择。

3. 公益服务属性

公益服务属性指服务于社会效益显著而经济效益不明显行业或产业的能力，研究成果具有公共产品和准公共产品属性，直接关系到公民健康、社会安全、经济稳定等。该类物品或服务具有非营利性，无法得到相应经济回报，要么是企业因无利可图而不愿提供，如生态环境保护、地震、水利、气象等；要么是其他社会组织因自身条件限制而无法提供，如基础研究等。

（三）AHP定量分析

1. 数据来源

数据来源于科技部2013—2018年度《科技机构统计年报》和福建省科技厅《福建省属公益类科研机构评估采集表》。因渠道有限，技术开发、转让、服务、咨询合同总收入仅统计2016—2018年的数据。为保护研究对象隐私，文章分别以机构1、机构2、机构3……机构35、机构36、机构37代表各机构（按机构名称拼音排序）。数据（成果）只统计机构为第一完成单位的。同一成果对同一单位只统计一次,按最高级别统计。

2. 指标体系构建

以科研机构发展能力（A）为目标层（一级指标），内部能力（I）和外部环境（E）为准则层（二级指标），内外部 11 个关键影响因素为子准则层（三级指标），以 23 个具体评估指标为指标层（四级指标），构建评估指标体系（表 4-1）。

3. 权重确定

通过层次分析法（AHP）构造两两比较判断矩阵来确定权重。具体实施方法是：采用 1~9 标度法（见附件，表 1）[2]，向相关领域 7 位资深专家发放《评估指标相对重要性判断表》（见附件，表 2-11），对各层级中各项指标的重要性进行比较，对专家的判断结果和数据处理，逐一比较两个指标之间的重要性并赋值，构造两两比较判断矩阵（见附件，表 2-11），通过一致性检验后，计算出各层次指标的权重（W_i）（表 4-1）。

4. 测算方法

一是指标得分。具体指标分定性和定量指标。定性指标采用德尔菲法，邀请 7 位专家，通过三轮问卷调查，对具体指标进行打分，综合专家不同指标的分值，确定最终得分。评分标准分 5（很好）、4（较好）、3（一般）、2（较差）、1（很差）共 5 个等级。定量指标具体计算方法见表 4-1。

二是数据标准化。由于各指标计算单位不同，无法直接综合和比较，选用极差法进行各指标数据标准化处理。

三是具体指标指数。具体指标指数是其指标权重和指标得分的积，即具体指标指数：$X_i = W_i V_i$。其中，X_i 是某一具体指标的指数，W_i 是某一具体指标的权重，V_i 是某一具体指标的得分。

四是综合指数。该指标用来衡量 37 家科研机构发展能力，受指标体系各指标标准化影响，其数值在 0~100 变化。如果某科研机构发展能力比较高，那么其分值则相对较高；反之则相反。综合指数：$\overset{n}{\underset{i=1}{C}} = \sum W_i V_i$。其中，$n$ 为具体指标数目，现为 23 个；W_i 是某一具体指标权重，V_i 是某一具体指标得分。

表 4-1 福建省属公益类科研机构发展评估指标体系

一级指标及权重	二级指标及权重	三级指标及权重	四级指标及权重	总权重	指标说明及计算
（A）科研机构发展能力 1	（I）内部能力 0.6667	（I1）人才队伍 0.1788	（I11）科技活动人员（人）0.5000	0.0596	指从业人员中科技管理人员、科研活动人员和科技服务人员数量
			（I12）高学历比例（%）0.2500	0.0298	博士毕业科技人员数/科技活动人员数
			（I13）高职称比例（%）0.2500	0.0298	高级职称人数/科技活动人员数
		（I2）科技经费 0.1985	（I21）科技活动收入（万元）0.4905	0.0649	指本单位开展科技活动所获得收入，包括所有渠道来源
			（I22）人均科技活动收入（万元/人）0.1976	0.0262	科技活动收入/科技活动人员数
			（I23）政府科技课题经费年均增长率（%）0.3119	0.0413	政府科技课题经费收入每年的增长率之和/年数
		（I3）创新条件 0.0894	（I31）科学仪器设备（万元）0.3119	0.0186	指纳入单位资产管理以并直接服务于各类科技活动的仪器和设备（含配套附件及软件）金额
			（I32）人均科学仪器设备（万元/人）0.1976	0.0118	科学仪器设备金额/科技活动人员数
			（I33）科技创新平台水平（分）0.4905	0.0292	指获得国家科技部、发改委、工信部、省科技厅、省发改委、省工信厅认定的科技创新平台，包括（重点）实验室、工程研究中心、技术创新中心、临床医学研究中心、工程技术研究中心、工程实验室、资源共享平台、观测站等；及其他部委认定的具有竞争性高水平的科技研发创新平台。10×国家级+7×省部级
		（I4）专利 0.0741	（I41）专利水平（分）0.6667	0.0329	10×发明专利授权数+7×实用新型专利授权数+5×外观设计专利授权数
			（I42）人均专利水平（分/人）0.3333	0.0165	专利水平分/科技活动人员数

（续表）

一级指标及权重	二级指标及权重	三级指标及权重	四级指标及权重	总权重	指标说明及计算
（A）科研机构发展能力 1	（I）内部能力 0.6667	（I5）行业成果 0.0614	（I51）专有证书/标准制定/采纳证明等（分）1.0000	0.0410	[10×国家品种审定（鉴定、登记）+7×省级品种审认定（鉴定、登记）]；(20×新（兽）药证书+14×注册批件+10×临床试验批件+7×临床试验受理)；[10×国家标准+7×行业标准+5×地方标准]；[10×国家级党委政府采纳证明+7×省部级党委政府采纳证明+5×地厅级党委政府采纳证明]
		（I6）论文论著 0.0499	（I61）论文论著水平（分）0.6667	0.0222	[8×著作（不包括汇编）]+[13×SCI1区+10×SCI2区或SSCI+7×SCI3区+5×SCI4区或国内三大核心期刊源（中文核心、CSCD、CSSCI）论文+1×其他论文]
			（I62）人均论文论著水平（分/人）0.3333	0.0111	论文论著分/科技活动人员数
		（I7）技术开发转让 0.2221	（I71）技术开发转让合同总收入（万元）0.4905	0.0726	以实际签订的合同书上金额为依据
			（I72）人均技术开发转让合同总收入（万元/人）0.1976	0.0293	技术开发（转让）合同总收入/科技活动人员数
			（I73）每万元投入开发转让咨询产出（%）0.3119	0.0462	技术开发转让合同总收入/科技活动收入
		（I8）技术服务咨询 0.1259	（I81）技术服务咨询合同总收入（万元）0.4905	0.0412	以实际签订的合同书上金额为依据
			（I82）人均技术服务咨询合同总收入（万元/人）0.1976	0.0166	技术服务（咨询）合同总收入/科技活动人员数
			（I83）每万元投入技术服务咨询产出（%）0.3119	0.0262	技术服务咨询合同总收入/科技活动收入

(续表)

一级指标及权重	二级指标及权重	三级指标及权重	四级指标及权重	总权重	指标说明及计算
（A）科研机构发展能力 1	（E）外部环境 0.3333	（E1）政府政策支持 0.1976	专家定性评价 1.0000	0.0659	
		（E3）行业市场潜力 0.4905	专家定性评价 1.0000	0.1635	采用德尔菲法
		（E5）公益服务属性 0.3119	专家定性评价 1.0000	0.1040	

（四）发展战略判断和选择

如前所述，福建现有 37 家公益类科研机构间的发展存在较大差距，准确把握这些机构的发展现状与发展趋势，对于科学推进这些机构的发展，完善省属公益类科研机构的建设机制具有重要的基础性作用。

根据 SWOT-AHP 分析，某一机构内外部因素各具体指标指数与该指标 37 家机构平均水平相比，高于平均水平的，说明该机构这些具体指标在同类机构中处于优势（S）或机遇（O）；若低于平均水平，则处于劣势（W）或挑战（T）。总优势度是所有处于优势组的指标指数和，总劣势度、总机会度、总威胁度计算类同。

通过计算可知任一科研机构的总优势度、总劣势度、总机会度、总威胁度，由此构建机构发展 SWOT 战略四边形（图 4-2）。通过计算各象限中的面积，即 $S_{\Delta OOW} > S_{\Delta OOS} > S_{\Delta TOW} > S_{\Delta TOS}$，确定该机构所处 WO 态势和采取相应的扭转型战略[9,11]。

根据上述方法，经测算，全省 37 家省属公益类科研机构发展态势总体呈现两头大、中间小的局面（表 4-2）。

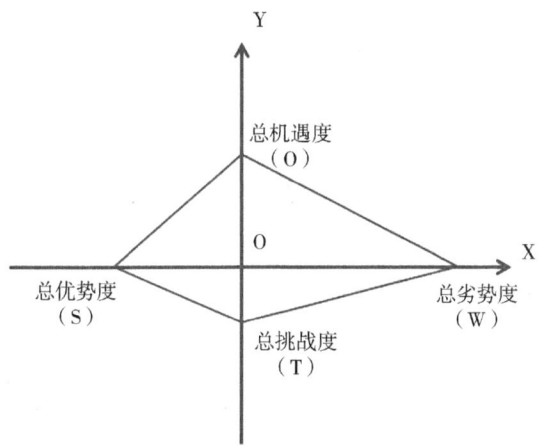

图 4-2　某科研机构发展战略四边形

表 4-2　福建省属公益类科研机构发展态势测算及分类

类型	增长型战略 （SO 态势）	多元化战略 （ST 态势）	扭转型战略 （WO 态势）	防御型战略 （WT 态势）
数量	12 家	4 家	6 家	15 家
占比	32.43%	10.81%	16.22%	40.54%
科研机构	机构 06、机构 08、机构 10、机构 14、机构 15、机构 19、机构 23、机构 24、机构 26、机构 27、机构 29、机构 32	机构 01、机构 22、机构 36、机构 37	机构 05、机构 09、机构 12、机构 13、机构 16、机构 18	机构 02、机构 03、机构 04、机构 07、机构 11、机构 17、机构 20、机构 21、机构 25、机构 28、机构 30、机构 31、机构 33、机构 34、机构 35

三、福建省属公益类科研机构战略分析和路径选择

通过上述发展态势，为科研机构制定一整套战略路径选择和具体实施方案提供了依据。战略制定的基础思路是发挥优势、克服劣势、利用机会、化解威胁，具体分析如下。

（一）增长型发展战略

增长型战略关键是依靠内部力量，洞察外部环境，采取充分利用环境机会与内部优势的大胆发展战略。根据测算，有12家，约32.43%的科研机构处于SO发展态势。该类科研机构在课题活动能力、科技创新平台、研发成果以及技术开发转让上表现突出。承担的政府科研项目超过总数的一半；有58.46%（38个）的省部级以上科技创新平台，以及75.44%（4240.13万元）的技术开发转让合同收入集中在这12家机构；共获得203项品种审认定（鉴定、登记），占总数87.88%，其中机构23以水稻研究为主，6年来共获得品种审认定（鉴定、登记）78项，占总数33.77%；共获得865项专利，占总数68.00%。这12家科研机构具有较好的科研发展潜力和服务产业发展的能力。在科技体制改革向纵深推进的大背景下，增长型科研机构最主要的任务是在充分发挥自身优势的基础上，如丰富的科技资源、先进的科研成果，保持良好的市场对接能力，利用外部环境发展来提高自身科研水平，为科技创新提供新思路和新方向。从科学发展规律和创新链角度看，增长型科研院所除提供关键技术开发应用和科技服务外，还要突出应用基础研究，发挥应用基础研究提供解决重大实际问题的基础作用，以实现科研院所科技创新能力的持续性发展[26]。

（二）多元化发展战略

多元化战略要求科研机构发挥内部优势、规避外部威胁，利用优势采用多样化或差异化的发展战略。根据测算，处于ST态势的科研机构有4家，占10.81%。该类科研机构具备较强的人才资源和应用基础研究能力。如机构36和机构37的博士人才比例分别高达79.37%和63.76%，位列第一和第二；两家机构发表的SCI篇数达231篇，占总数的35.93%，也是位居前两位。机构1在技术服务咨询方面成效显著，6年来共实现合同收入11 341.34万元，占总数的43.51%，且具有较强的科技投入。该类科研机构具备较强基础研究能力,但与产业对接或直接服务产业发展方面有待加强,且有研发潜力。在激烈的市场环境中,科研机构面临的不仅是同行业的竞争,更有新兴的创新型企业的威胁,多数科研机构的传统主业,已被企业或其他组织所替代。因此应深入挖掘自身特点,走差异化的发展之路,根据内部科技优势,改变观念和研究思路,从传统的"基于科学发现端的'供给侧'路线"向"基于市场需求端的'需求侧'路线"转变,以问题为导向,形成学科布局、技术积累与产业经济发展相适应的格局,使之具备抓住领域发展重大创新机遇的基础和能力。

(三) 扭转型发展战略

扭转型战略即克服固有弱点,补齐短板,利用外部机会调整发展战略。处于 WO 态势的科研机构有 6 家,占 16.22%。该类科研机构主要从事水产、信息、机械、茶叶、加工、生态等学科研究,在一定历史时期对促进产业发展作出过重要贡献,并有自身的科研能力和科研文化传承,如机构 16 建有 3 个省级科技创新平台,6 年内获得 79 项专利授权,16 篇 SCI 等;机构 9 逐步成为承接上级部门事务性工作的单位。在市场化发展环境下,这些机构原先的科研工作逐步不被市场所需。虽然该类科研机构目前的科研工作对服务行业发展的支撑能力有限,但仍具备较强的外部驱动因素。走扭转型战略就是要充分利用外部机会,克服内部弱点的一种稳定型发展路径。该类科研机构关键在于充分利用市场潜在的机遇,加强学习和及时调整,以人才培养为重点,打造一支符合时代需要的专业性人才队伍,适时调整学科方向,促进科研机构的华丽转型升级。做大做强公益性科研机构和推动科研机构从计划走向市场是我国科研机构改革的重要主题和发展趋势。

(四) 防御型发展战略

防御型战略即减少内部阻力、迎战外部冲击。采用调整、撤并、整合、重组等战略减少弱点、回避威胁、增强内部实力的发展战略,这是科研机构在内部阻力和外部冲击双重因素制约下的必然选择。福建省处于 WT 态势的公益类科研机构有 15 家，占比 40.54%。该类科研机构的科技投入有限，特别是在人才培养、承担课题能力、平台建设等方面都处于劣势和不足状态，机构 33 的人员不到 6 人，基本上没有科研规模效益可言。在专利、行业成果、创新效益等产出方面成绩平平，机构 7、机构 31 和机构 33 基本没有科研产出，更别谈持续性的科研创新，其对领域或行业发展促进有限，甚至没有，已经基本丧失了科研属性。要加强对防御型发展战略研究机构的考核评估，该类科研机构需要进一步分析和调查市场风险，以审慎的态度推进机构转型，对其中少数失去公益属性和创新能力较弱的科研机构，可以强制退出公益类科研机构序列，以优化科研事业单位布局。对转制科研机构要设定较为严谨的审批程序，使得主动或被动退出的科研机构及其职工均能接受这一结果，特别是对其公益性科技创新基础工作，和长期积累沉淀的科技资源（人、财、物，知识产权等）做好统筹安排和充分挖掘，作为公益性科研机构的有力补充。

参考文献

[1] 廖添土，戴填方．建国 60 年来我国科技体制改革的历史演变与启示［J］．江西农业学报，2009，21（9）：190-192.

[2] 陈安，崔晶，刘国佳，等．中国科技体制及运行机制的特色与成效［J］．科技导报，2019，37（18）：53-59.

[3] 刘金峰，方素珍．医院管理学．人力资源管理分册［M］．北京：人民卫生出版社，2011.

[4] 郭耀辉，林正雨，刘强，等．基于 SWOT-AHP 分析法的农业科技园区发展战略研究——以四川省平昌县省级农业科技园区为例［J］．中国农业资源与区划，2017，38（12）：216-220.

[5] 胡群，刘文山．基于层次分析法的 SWOT 方法改进与实例分析［J］．情报理论与实践，2009，32（3）：8-12.

[6] 胡新丽．基于 SWOT-AHP 的新媒体背景下民族地区环境治理模式探析——以云南省大理白族自治州为例［J］．西南民族大学学报（人文社会科学版），2020（4）：184-192.

[7] 戚湧,李千目.科学研究绩效评价的理论与方法[M].北京:科学出版社,2009.

[8] 于新,李双异,陆璐,等.基于AHP-SWOT模型的高标准基本农田建设发展策略研究——以沈阳市为例[J].中国农业资源与区划,2016,37(8):84-88.

[9] 纪成君,李旭杰,章辉.基于层次分析法的山西省煤炭物流企业战略分析方法(SWOT)分析[J].科技促进发展,网络首发时间:2020-03-23.网络首发地址:http://kns.cnki.net/kcms/detail/11.5286.G3.20200321.1105.014.html.

[10] 符雪,刘欢,洪阳,等.区县级妇幼健康服务机构发展战略分析[J].卫生经济研究,2020,37(1):38-41.

[11] 吴宇辉,肖时珍,胡馨月,等.基于SWOT-AHP模型的化石类国家地质公园科普旅游开发研究——以贵州关岭化石群国家地质公园为例[J].生态经济,2020,36(4):133-169.

[12] 吴欣.基于SWOT模型煤炭企业兼并重组模式研究[J].煤炭技术,2016,15(12):321-323.

[13] 陆岷峰,虞鹏飞.互联网金融背景下商业银行"大数据"战略研究——基于互联网金融在商业银行转型升级中的运用[J].经济与管理,2015,29(3):31-38.

[14] 中共中央办公厅、国务院办公厅.关于深化项目评审、人才评价、机构评估改革的意见[EB/OL].http://www.gov.cn/zhengce/2018-07/03/.

[15] 周文泳,尤建新,郑海鳌.政府投入科技项目绩效评价理论与方法[M].北京:化学工业出版社,2009.

[16] 姜丽华.农业科研机构科技创新能力评价的理论与方法研究[D].北京:中国农业大学,2014.

[17] 张玉赋,沈瑾秋,汪长柳,等.江苏有特色的世界一流科研院所建设研究[J].科技管理研究,2018(7):100-105.

[18] 毕克新,李莹,陈申.科技型中小企业自主创新外部环境及支持体系研究[J].科技与管理,2010,12(4):70-76,88.

[19] 何振乾.服务导向逻辑下制造企业内外部协同创新管理机制研究[D].上海:东华大学,2018.

[20] 经济合作与发展组织.弗拉斯卡蒂丛书——研究与发展调查手册[M].北京:新华出版社,200.

第五章　福建省属科研机构建设的政策分析

随着国家宏观管理体系改革的不断深化，公益类科研机构作为事业单位的一部分，其机构建设（组建或退出）的管理制度也在不断完善。但由于宏观管理体制的惯性制约，福建省在科研机构组建与退出的审批与管理过程中还存在一些需要改进的问题，实现省属公益类科研机构治理体系和治理能力的现代化还需要一个较长的过程。

本章重点分析研究多年来福建省属科研院所设立或退出的主要政策规定、审批程序与管理制度，探讨其中存在的不足与问题，为进一步完善相关政策提供参考。

福建省属科研机构的组建和退出，基本顺应行政管理体制改革和市场经济发展的需要，并按照编制管理部门和科技管理部门的文件精神执行，一般均有章可循。科研机构的行业主管部门、编制管理部门、科技管理部门各司其职，有一整套较为规范的机制。尽管省属科研机构组建和退出的审批机制还存在一些问题，但这套机制对于研究机构管理的规范化，对于事业单位治理体系的现代化建设具有积极意义。

一、省属科研机构组建的审批政策

福建省对省属新建（含整合重组）研究机构的审批，没有出台专项规定，基本依照中央的文件精神执行。以1997年为界，大致分为前后两个阶段。1997年以前，主要按照行政机构设置的审批程序和规定，新建科研机构与新建行政部门间的审批政策基本没有差别。1997年以后，主要按照中编办发〔1997〕14号《关于科研事业单位机构设置审批事项的通知》精神执行，与行政机构的审批政策开始有所区分。2014年，中央编办出台《关于进一步完善科研事业单位机构设置审批的通知》（中编办发〔2014〕3号），进一步严格科研机构的审批管理。当前，福建省新建科研机构主要依据这一文件精神进行审批。

（一）一体审批阶段（1997年前）

新中国成立后很长一段时期内，我国行政部门和事业单位在管理上并没有十分明显的区分。

1955年7月，第一届全国人民代表大会通过的《关于1954年国家决算和1955年国家预算的报告》中出现的"事业单位"，是指活动经费由国家财政列为事业项目开支的机关和部门。实际上，直到20世纪90年代初，我国行政部门和事业单位基本上实行的还是一体管理。科研机构作为国家事业项目开支的单位之一，完全按照行政部门的设立进行申报和审批，并没有制定专门的审批管理办法，基本随行政主管部门的变动而进行调整。

这一时期内，福建省属科研机构严格按照行政级别层层对照设置。例如，省政府直属或省直部门所属的科研机构基本对应国家各部委所属科研机构的模式设立，科研单位内设的机构也基本参照上一级政府所属科研机构的内设机构来设定。如福建省农业科学院，就是由当时的福建省人民委员会参照中国农业科学院模式批复设置的。1960年7月，福建省委批转农业厅党组报告，同意将福建省农业科学研究所扩建为福建省农业科学院，隶属福建省政府农业委员会领导。11月，福建省人民委员会批复成立福建省农业科学院。其批复格式如下：

关于成立福建省农业科学院的批复

(60) 省编捷字第××××号

主送：省农业厅

抄送：省委农村工作部、组织部、省编委会

省编委会转报你厅 1960 年 8 月 20 日农人字第×××报告悉。经研究同意将福建省农业科学研究所扩大成立为福建省农业科学院。

福建省人民委员会
1960.11.12

在当时的计划经济模式下，各级政府部门对机构设置的管理比较严格，省政府直属科研机构的内设机构以及省政府部门下辖的科研机构，对应行政级别为处级的，其设置的审批均需省政府（或省人民委员会、省革命委员会）批准。如，1963 年 7 月，福建省人民委员会批准，同意福建省农业科学院保留果树、茶叶 2 个研究所，蔬菜试验站和南平、晋江、龙溪、福安、龙岩、闽侯等 6 个专区农科所，并将原属永定县的烤烟试验站划归福建省农业科学院领导[1]。

这些省属科研机构的设立，主要由省直各厅局或省政府直属科研科研机构（如福建省农业科学院）本身，按照行政机构的设立程序，向省委申请（20 世纪 80 年代末，国家和地方成立编制委员会后，开始由编制委员会进行批复），得到批准后建立的。如福建省农业科学院在这一时期陆续新设立的稻麦研究所、土壤肥料研究所、红萍研究中心等 10 多个专业研究所，省科技厅、农业厅、机械工业厅、轻工业厅等厅局和高校也陆续批准成立了 50 多个研究所。

（二）区别审批阶段（1997—2014 年）

1993 年 10 月，《国家公务员暂行条例》颁布实施，科研机构作为事业单位，与行政部门在人事制度、机构改革等管理方面的区别逐渐拉开，两者的界限日趋明晰。

为进一步规范对科研机构的管理，1997年7月，中央机构编制委员会办公室、国家科学技术委员会专门联合下发《关于科研事业单位机构设置审批事项的通知》（中编办发〔1997〕14号）对新设立科教机构的审批程序进行了调整。通知要求[2]，按照国务院关于《"九五"期间深化科技体制改革的决定》（国发〔1996〕30号）精神和中央办公厅、国务院办公厅《关于印发〈中央机构编制委员会关于事业单位机构改革若干问题的意见〉的通知》（中办发〔1996〕17号）要求，落实"科研、教育、文化、卫生、新闻出版等各类事业单位的机构设置、人员编制事宜，均按照分级管理的原则和权限，由各级机构编制部门统一审批"的规定，进一步理顺科研机构设置的审批关系，以解决科研机构设置重复、力量分散、专业和人才结构不尽合理的状况，促进科技资源的优化配置和科研机构的合理布局。通知还明确规定了科研机构的审批程序：①省级（含副省级市）各部门设立科研机构，由各部门分别报同级科委和编办，科委审核后，报同级编办审批。②厅局级科研机构的设立、变更，由省级编办会同科委审查提出意见，并经省政府或省编委审核同意后，分别报国家科委和中央编办。国家科委提出审核意见后，由中央编办报送中央编委审批。③地方其他各级设立科研机构，由各省、自治区、直辖市编办商同级科委，参照①、②条作出规定。

这一《通知》的出台，使省属科研机构设立的审批主体、程序等更加明晰，对科研机构设立的审批有章可依，更趋规范。如省属某科研机构的设立，省委编办批复如下：

中共福建省委机构编制委员会办公室
关于设立××××××××研究所的批复

×××院：

你院《关于申请整合筹建×××研究所的函》（闽×××号）悉。为进一步整合我省×××研究资源，发挥整体优势，促进我省×××产业发展，经研究，现就设立××××××××××研究机构问题批复如下：

一、同意在××××××××基础上，将××××研究所、××××研究所、×××××

×研究所中的×××种质资源、科技成果、仪器设备、基础条件与研发力量重新进行整合，设立××××××××××研究所，加挂××××××××××牌子。

二、××××研究所的主要职责为：……。

三、核定××××××××××研究所（××××××××××）事业编制××名，机构规格仍相当于正科级，经费由财政核拨。核定科级领导职数×名，其中，正科级×名，副科级×名。人员结构为：行政管理人员×名，专业技术人员××名，工勤人员×名。所需编制除原核定给××××××××××的××名事业编制外，另××名事业编制分别从你院所属×家事业单位中调剂解决。具体如下：从××××××所调整×名、从××××所调整×名、从××××××××所调整×名、从××××××××所调整×名、从×××××调整×名、从×××××××所调整×名、从××××××所调整×名。

四、调整后，××××××××××所事业编制为×××名、××××××××××所事业编制为×××名、××××××××××××所事业编制为××名、×××××××××所事业编制为××名、×××××××××××××所事业编制为××名、××××××××××所事业编制为××名。

此复。

中共福建省委机构编制委员会办公室
××××年×月×日

从上述批文可以看出，省编制主管部门主要从机构的名称、职责、人员编制（含领导职数）、人员结构等方面进行了规范和审批。

（三）严格审批阶段（2014年以来）

随着国家行政管理体系的不断完善，省属科研机构尤其是公益一、二类科研机构的设立日趋严格和规范。

针对此前科研机构审批中存在的问题，尤其是一些省（市、区）地方厅局和设区市下属研究所的无序扩张升级问题，2014年1月，中央编办、科技部出台了《关于进一步完善科研事业单位机构设置审批的通知》（中央编办发〔2014〕3号），同时废止了中央编办发〔1997〕14号《关于科研事业单位机构设置审批事项的通知》。新文件按照党的十八届三中全会和中央关于分类推进事业单位改革、深化科技体制改革有关精神，进一步完善自然科学研究事业单位（以下简称科研事业单位）机构设置审批。对省属科研机构设置的主要规定如下：

（1）地方设立或变更科研事业单位，其审批程序由省级机构编制部门商同级科技主管部门参照本通知有关要求作出规定。

（2）按照中央关于逐步取消科研院所行政级别的要求，不再明确新设科研事业单位的行政级别。

（3）严格控制设立或改建"研究院"。研究院一般在中央和省一级设立。设立研究院应在本研究领域处于国内领先地位，具有较大规模和影响力，在业内具有公认性，原则上一个研究领域只设一个。

（4）不再批准设立从事生产经营活动的科研事业单位。

新的文件精神，使科研单位的设置与审批更加具体、严格和规范。

目前，福建省主要按照中央编办〔2014〕3号《通知》精神，开展科研机构的审批管理。

二、省属科研机构退出的审批政策

在对科研机构的设立逐步规范和严格审批的同时，福建省对科研机构的退出（含转制、撤并），还缺乏系统、规范性文件规定。目前可执行的还是1997年中编办发〔1997〕14号文件。文件规定，科研机构的变更（包括更名、合并、分设、改变隶属关系和撤销），由各级科委审核后报同级编办审批。

按照中编办发〔1997〕14号文规定，科研院所的退出（主要是撤并），要先由科研机构所属的行业主管部门提出申请，由省科技主管部门审核后，再报省编办审批。当前，除改制或更名外，福建省属科研院所的退出并未完全按照文件执行，一般由科研机构所属的行业主管部门提出申请，直接报省编办审批，基本绕过了科技主管部门的审核环节。此外，这类科研机构的撤并，主要随其上级行政主管部门的撤并而同步开展，并没有出台相关的规定来对科研机构撤并后的管理进行规范。

在实际执行中，对机构的退出，管理部门普遍关注的是机构和事业编制的职数问题。因此，在科研机构退出的审批管理中，科技部门的审批相对较为弱化，编制管理部门更多的是从机构撤销后原有机构编制的使用管理方面进行明确。

例如下文福建省委编办关于×××厅撤销下属的计算中心、遥感中心等事业机构，设立知识产权维权援助中心和知识产权信息公共服务中心有关问题的批复中，前两条关于机构撤销的意见，主要规定了财政核拨事业编制的划转使用问题。

中共福建省委机构编制委员会办公室关于×××厅
所属部分事业单位撤销、设立有关问题的批复

×××厅：

你厅《关于成立××××××××××和××××××××××××××的函》（闽×××号）悉。经省委编委会议研究，现批复如下：

一、撤销×××××××和×××××××。其×××名事业编制（财政核拨××名、企业化管理××名）中，××名财政核拨事业编制划转给拟设立的××××××××××、××××××××××××××××，其余××名事业编制（财政核拨××名、企业化管理××名）予以核销。

二、×××××××、×××××××撤销后，现有在编人员××人，其中××人划入拟设立的××××××××××××××、×××××××××××××××，其余××人划入你厅所属的××××××××××××××等有空编的事业单位，具体人员调整由你厅负责。

三、同意设立×××××××××××××中心，加挂××××××××××××××××××中心牌子，为××××××所属的事业单位，机构规格相当于正处级。其主要职责为：……。核定事业编制××名，人员结构为：行政管理人员×名，专业技术

人员××名，工勤人员×名，核定领导职数×名，其中正处级×名，副处级×名，经费由财政核拨。

四、同意设立××××××××××××中心，为××××××所属的事业单位，机构规格相当于正处级。其主要职责为：……。核定事业编制××名，人员结构为：行政管理人员×名，专业技术人员××名，工勤人员×名，核定领导职数×名，其中正处级×名，副处级×名，经费由财政核拨。

此复。

中共福建省委机构编制委员会办公室
××××年×月×日

三、省属科研机构组建与退出政策的主要问题

从多年的科技体制改革实践来看，福建省在对省属公益类科研机构设立或退出的审批管理中，还存在一些亟待解决的问题。

（一）缺乏系统的政策依据与评估办法

1. 缺乏系统的政策规定

省属独立科研机构新建或变更的审核，涉及事业法人单位的设立或变革，应该有完整的法理依据。中央编办发〔2014〕3号文《关于进一步完善科研事业单位机构设置审批的通知》（以下简称《通知》）规定，"地方设立或变更科研事业单位，其审批程序由省级机构编制部门商同级科技主管部门参照本通知有关要求作出规定"，但和多数省份一样，福建省尚未根据本省科研机构的特点制定具体的实施办法，导致科研机构的设立或撤并缺乏完整的省内法规或制度，由此导致研究机构的设立在一定程度上出现无序现象。

例如，这一《通知》规定：严格控制设立或改建"研究院"，研究院一般在中央和省一级设立；设立研究院应在本研究领域处于国内领先地位，具

有较大规模和影响力,在业内具有公认性,原则上一个研究领域只设一个。实际上,由于对科研机构的设立缺乏规范性的文件,一段时期以来,由"研究所"扩建"研究院"蔚然成风。在福建省,福建省计量科学研究院、福建省安全生产科学研究院、福建省标准化研究院、福建省医学科学研究院、三明市农业科学院、福建省林业科学研究院等多家研究院就是在原研究所基础上扩建而成的,虽然这些机构基本是在2014年之前更名成立的,但其根本原因还是缺乏规范的制度。

2. 缺乏具体的评估办法

《关于进一步完善科研事业单位机构设置审批的通知》要求,中央和国家机关各部门申请变更科研事业单位,需经国务院科技主管部门会同有关部门组织评估并提出审核意见,再报中央机构编制部门按程序审批。"具体评估办法由国务院科技主管部门另行制定"。实际上,目前,虽然管理部门、有关专家针对科研机构的绩效研究建立了多种评价体系,评估指标林林总总,其中不乏合理的评价标准,但这些标准多数偏于复杂,一些定性指标难以量化。福建对省属科研机构的变更,目前还没有制定具体的评估办法。因此,虽然文件规定省科技厅会同有关部门进行评估并作出书面审核意见,但由于缺乏具体可操作性的评估办法和评估标准,这种评估还缺乏严谨的科学依据,定量指标少,定性指标多,存在较大的随意性,缺乏长远的谋划。

在福建省,虽然从2009年开始,省科技主管部门每2~3年对省属公益类科研院所科技创新能力情况开展一次评估,迄今已组织开展了四轮评估,但这一评估的主要目的是为更科学地评价省属公益类科研院所的基本科研专项,增强专项资金使用的效果,为下一轮预算安排提供决策依据。由于缺少政策依据,这种评估结果还没有也难以应用到科研机构的建设尤其是机构撤并的审批管理中。

(二) 行政化现象突出

根据目前的政策规定,对新建省属独立科研机构组建或撤并的审核,科技主管部门主要依据中央编办发〔2014〕3号通知精神执行,由申请单位提交书面申请，省科技厅会同有关部门进行评估并作出书面审核意见，再由科技厅回复申请单位。从多年的实践来看，当前在科研机构的设立或退出过程中，行政化问题相当突出。

1. 主观意志

民主集中制下的主要领导负责制，是我国行政管理的一个重要方式。因此，科研机构的新建或撤并首先集中体现了单位主要负责人的思路，必然带有主要负责人个人的主观意向，在当前的决策机制下，很难有不同意见，一些内部论证实际上流于形式。与此同时，理事会、监事会等现代科研院所的决策机制尚未健全，由此导致一些研究机构的设置缺乏科学性，一些科研机构建立后不断变更。如福建省农业科学院生物技术研究所，1989年成立时定名为农牧业与红萍生物技术研究中心（尽管当时该院同时还设有红萍研究中心），1998年更名为生物技术中心，2005年又更为现名，15年间三易其名。从全省37家省属公益类科研机构有24家进行了更名可以看出，此类现象绝非孤例。伴随着每一次更名，研究机构的研究方向和重点都进行了调整。显然，这类研究机构在设立时确定的研究方向和重点还缺乏科学性。

2. 行政化问题

在当前科研机构的变更申请或审批中，科研的属性表现得并不突出，更多体现的是行政管理的特点。科技机构多数按行政区域或行政隶属的上下级关系设置，虽然有利于行政管理，但从全省范围看，还存在不少问题。以农业科研领域为例，从农业科学研究的特点看，明显不够科学合理。全省9个设区市除厦门市外，都设立了农业科学研究所（厦门市农业科学研究所也是近年才撤并整合进入农技推广中心），且主要集中在产中研究，尤其是粮食生产，基本开展了水稻、甘薯、大豆等粮油作物，猪、鸡等畜禽，以及食用菌、果树、花卉研究，极少形成各自明显的特色和优势，已经滞后于农业结构的调整。第一，行政区域与自然经济区域差别很大，行政区域不能代表农业生态地域，因此以行政区域设置农业科研机构难免不能完全适应生产需要。福建省厦、漳、泉3个地区生态环境基本相同，耕地面积不到全省的30%，却集中了6所省地（市）农业科研机构，即2个设区市农科所及省亚热带植物研究所、省热带作物研究所、省亚热带园艺植物研究中心、省农科院亚热带农业研究所等。第二，省、地、县三级研究机构分属不同政府部门并各自形成紧密的依附关系，农业科研机构重复设置，存在"大而全""小而全"的现象，相互间联系十分松散，缺乏必要的集中协调和业务指导，不能发挥全省农业科研机构的整体功能，造成许多研究的低水平重复，浪费人力与财力。第三，科研体制结构与功能存在矛盾。各级科研机构基本上是按农业生产对象如水稻、小麦、棉花、旱作、果树、畜牧、植保、茶叶等进行划分，研究、开发、推广并举，形成复杂的结构体系。结构中的每一个单元必须发挥其全部功能，如水稻研究机构，必须同时具有研究育种、栽培、施肥、植保、农机等功能。而我国绝大部分的科研所，具有研究领域单一性，形成了农业科研机构的完全性与其功能的单一化矛盾，造成人才、资金、设备的浪费和研究项目的重复。

在科研机构的退出方面，行政化现象更为突出。科研机构的变更尤其是撤并，主要是随着行业主管部门的机构改革而同步展开，也就是以行政管理的要求来管理科研机构的变更或撤并。在给省科技主管部门申报材料的要求上，变更机构十分简单，所需材料主要有：①申请书；②机构代码证书副本。也就是说，只要科研机构的上级行业主管部门提出申请，科研机构就可以撤并或变更。由于科研机构的变更手续基本按照行政部门的程序执行，科研机构变更过程中的人为主观因素就不可避免。

鉴于此，亟须建立科研机构评估办法，针对研究机构的组建和退出，分别建立简单易行、可操作性的专门指标体系，便于管理部门作为审批的依据，使审批更加科学、合理，尽可能减少行政化的现象。

（三）缺乏健全的第三方评审机制

按照中央编办《关于进一步完善科研事业单位机构设置审批的通知》，编制主管部门和科技主管部门负责科研机构设立的审批。

从实践来看，主管部门在"批"的环节和程序已经相当规范。在福建省，按照现有的规定，省属独立科研机构新建或撤并的审核，由各部门分别报同级科技主管部门和编制主管部门。编制主管部门主要依据是否符合编制情况进行批复，科技主管部门则主要对机构组建或撤并的理由等进行批复，经过几十年的实践，这一批复的环节已经相当成熟和规范。

问题主要出在"审"的环节。

目前对省属公益类科研机构组建或撤并的可研报告的审定，主要是由该机构的行政主管部门自己撰写较为简单的理由，内部讨论通过后报科技和编制主管部门进行审批。在申报材料的要求上，按照文件规定，新建科研机构所需材料主要有：①申请书；②可行性报告。从申请新建机构需要提交的申报材料要求可以看出，问题的关键出在机构设置的可行性报告的论证方面。目前，多数可行性报告论证主要由申请单位自行组织，这种审批更多地类似于形式审查而非实质意义上的审批，缺乏长远的、科学的论证，行政性过于突出，而较少从创新的趋势和科技发展需要的角度去论证。

以福建省农业科学院食用菌研究所为例，2008年，由省农业科学院向省委编办提出整合筹建食用菌研究所的申请，其申请的主要内容是"为了适应形势变化，进一步发挥人才与资源的作用，为做强我省食用菌产业提供强大的科技支撑，经专家组论证，院党政领导班子研究同意，拟整合我院下属各研究所的食用菌科研力量，优化资源配置，筹建福建省农业科学院食用菌研究所"。申请函中列出了4点：一是食用菌产业发展的重要意义；二是福建省食用菌科技支撑现状；三是整合筹建食用菌研究所的必要性和重要性；四是筹建院食用菌研究所有关机构、编制等方面的方案。

上述4点中，"整合筹建食用菌研究所的必要性和重要性"是审查的重要依据。申请书简要列出了5条理由：

（1）福建省农业科学院的食用菌专业研究优势。"我省食用菌科技创新、研发力量主要分布在福建省农业科学院、福建农林大学、福建省农业厅等，其中福建农林大学以教学和基础研究为主，农业厅以管理、推广为主，而我院作为全省唯一的综合性农业科研机构，是最早也是最广泛开展食用菌行业共性与关键技术研究与开发的单位。全院从事食用菌研发的人员有40多人，是全省从事食用菌科学研究与技术开发人员最多、食用菌种质资源保全最丰富的单位"。

（2）福建省农业科学院食用菌研究的资源分布。"由于历史的原因，我院从事食用菌科研与开发的力量分布在院属福建省蘑菇菌种研究推广站、土肥研究所食用菌开发应用研究中心、植保研究所食药用菌研究开发室和农业工程研究所农副产品加工研究中心等单位"。

（3）福建省食用菌科技创新取得的成效。"从事蘑菇、香菇、草菇、姬松茸、杏鲍菇、金针菇、金福菇、凤尾菇、灵芝等食药用菌科研、开发、示范与推广工作，曾经为我省食用菌产业的发展研发出百多项科技成果，获得了国家级、省部级发明奖、科技奖数十项，产生的社会经济效益数百亿元，为我省食用菌产业的发展做出了突出的贡献。例如，省蘑菇站国家级有突出贡献专家王泽生等选育出的蘑菇优良品种 As2796 系列连续 16 年占全省蘑菇用种量的 95%，全国的 80%，累计推广 8 亿多平方米，增产鲜菇 300 多万吨，新增菇农收入 100 多亿元，新增出口 10 多亿美元，福建省已成为世界蘑菇科学研究、栽培生产与加工出口的中心之一"。

（4）形势发展的需要。"随着我国加入 WTO，食用菌产业的国际竞争更加激烈，技术壁垒不断出现，迫切要求我院为全省食用菌科技进步提供更加强有力的支撑。但是，力量分散的研发模式，显然难以发挥高效作用"。

（5）整合成立食用菌研究所的主要目的。"为我省食用菌产业的创新发展提供强有力的科技支撑，为我省食用菌产业继续领先于全国发挥更大的作用"。

从上述文件中可以看出，科研机构设立审查的申请文件中，存在明显的不足。一方面，机构设立的重要性和必要性分析不够。具体来说，食用菌产业发展对科技创新（含创新重点与方向）的需要，食用菌科技创新对成立机构的需要（含人才队伍、创新平台），创新重点与产业结合的需要等方面分析不够，由此导致机构设立的重要性和意义也就无法全面准确体现，机构设立的依据缺乏说服力。另一方面，专家论证环节辅证材料缺失。申请文件由于字数有限，不可能面面俱到。因此，申请材料对单位内部的论证审核研究过程一语带过："我院专门成立专家组进行论证，并经院党政班子反复研究决定"。至于哪些专家，如何论证、论证资料、论证结论等均未体现，机构设立的科学性、前瞻性也难以证明。

严格来说，一方面，现有的申请材料还不足以构成审批成立科研机构的全部要件。但由于科技部门仅仅只是业务主管部门，不是行政意义上的行业主管部门，因此，对科研机构的设置缺乏有力的制约手段和依据，也就很难或很少能否决行业主管部门报批的组建新机构的申请（编制管理部门对编制严格管理另当别论）。另一方面，当前，评审专家的诚信制度建设还不健全，参与论证专家的专业眼光有意或无意间受到局限，不可避免会在一定程度上导致机构设置的必要性或者研究重点等缺乏长远、整体、系统的规划。福建省科研机构名称与研究领域的变更，虽然是适应市场经济或科技创新变化的需要，但频繁的调整，也从另一个侧面反映出研究机构设立时缺乏长远规划和前瞻眼光，缺乏科学论证，或在当初的论证时存在明显的不足。

（四）宏观管理政策不配套

科研机构是我国事业单位的重要组成部分，其新建与撤并均不能脱离事业单位改革的政策范畴。科研机构无论是新设立、撤并还是转制，都需要相应的配套政策支持，但现行的宏观管理体制对科研机构的新建或设立存在一定的制约因素，由于事业单位宏观管理体制的碎片化，在现行的管理体制下，这些配套的支持政策往往涉及多个部门，部门之间的协调难度极大，导致一些政策难以出台或难以得到落实。

1. 用人制度问题

现代科研院所应该具备较大的用人自主权和灵活的用人制度，基本实现人员能进能出、能上能下的管理目标。2013年，《福建省人民政府关于进一步支持省属科研机构加快创新发展的若干意见》（闽政〔2013〕28号）扩大了科研机构管理自主权。文件提出，要"按照国家、省事业单位公开招聘人员和机构编制管理的有关规定，根据专业及岗位特点，省属科研机构及其主管部门自行组织公开招聘科研、实验室技术性岗位人员和科辅人员。省属科研机构根据专项科研或技术服务需要，自主招聘编制外部分急需的专业技术人员和科辅人员，所需经费可从科研、技术服务项目经费中按有关规定列支"。但这一设想短期内仍将无法实现，究其原因，主要是现行人事管理制度下招聘权利与辞退责任的分离：事业单位对进人的自主权并不大，每进一人，都需相当多的招聘手续和相当长的审批周期，这些人员一旦被录用就进入正式编制。此后，这些人员由单位负责（自己的孩子自己抱），单位必须对解聘中出现的问题负全部责任。出于稳定的需要，单位不愿也缺少有效的手段去解聘不合格人员。这时候，真正能进能出的只能是些编外人员（临时工），对这部分人员，由于财政不拨给经费，单位不可能大量招用。在这些制约因素没有改善的情况下，科研单位搞活用人制度多数只能是纸上谈兵。

2. 科研机构行政级别问题

中央编办发〔2014〕3 号文件规定，"按照中央关于逐步取消科研院所行政级别的要求，不再明确新设科研事业单位的行政级别"。而党管干部是我国行政管理的一条基本准则，科研机构作为我国重要的事业单位组成部分，直接关乎民生，关乎社会的稳定，其负责人的重要性不言而喻。在任何情况下，党和政府都不能也不会放松对这些单位负责人的管理，他们必须由相应层级的党委或政府部门进行直接或间接的选派（选聘），这就必然使事业单位具有相应的级别。举例来说，省属事业单位的主要负责人就只能由省委或省政府来任命。纷扰数年，各方给予高度期待的深圳南方科技大学，本以打破行政级别、"教授治学、学术自治"为宗旨，但教育部的批复仍是要求遵循现有教育管理体制，由广东省领导和管理。这一事实至少说明，在较长的一定时期内，事业单位的级别是不易取消的。因此，不明确新设科研事业单位的行政级别，与现实的事业单位管理产生了脱节。实际上，当前对新组建科研机构的行政级别管理与控制仍然十分严格。

3. 人员与资产处置问题

从国家和省关于科研机构转制的系列文件中可以看出，编制管理部门更关心的是机构撤销后编制的再使用问题。而对科研机构撤并后，人员与资产等科技资源的处置则关注不够，一方面，对撤销科研机构原有职能的划转基本不会提及。另一方面，对撤并机构资产的可持续利用，尤其是人才、资料等软资产的处理，没有妥善的政策安排，往往造成科研资产的流失。福建省三明市真菌研究所曾经执全国食用菌研究的牛耳，但在改制后，创新能力迅速退化，目前在行业创新中已寂寂无闻，人才、科研积累没有得到很好的利用，资源散失殆尽，是一个很值得商榷的现象（详见附件，调研报告）。虽然从某种程度上来说，当时未开展认真深入的评估，对机构改制后的发展前景预期不当，是一个重要的原因。

四、省属公益类科研机构的设置与管理问题

如前所述，由于在论证审批等方面还有不足，福建省属公益类科研机构的设置和管理还存在一些问题。

（一）滞后于产业发展

当前，全省37家省属公益类科研机构从事的国民经济行业属于科学研究和试验发展行业，大致可分为5类。农业科学研究和试验发展19家，占51.35%；工程和技术研究和试验发展7家，占18.92%；医学研究和试验发展5家，占13.51%；自然科学研究和试验发展3家，占8.11%；社会人文科学研究3家，占8.11%（表5-1）。

表5-1 福建省属公益类科研机构从事国民经济行业

从事国民经济行业	数量（家）	机构名称
自然科学研究和试验发展	3	福建海洋研究所；福建省武夷山生物研究所；福建师范大学地理研究所
工程和技术研究和试验发展	7	福建省安全生产科学研究院；福建省标准化研究院；福建省测试技术研究所；福建省环境科学研究院；福建省计量科学研究院；福建省农业机械化研究所；福建省水利水电科学研究院
农业科学研究和试验发展	19	福建省淡水水产研究所；福建省林业科学研究院；福建省闽东水产研究所；福建省农业科学院茶叶研究所；福建省农业科学院畜牧兽医研究所；福建省农业科学院果树研究所；福建省农业科学院农业工程技术研究所；福建省农业科学院农业生态研究所；福建省农业科学院农业生物资源研究所；福建省农业科学院农业质量标准与检测技术研究所；福建省农业科学院生物技术研究所；福建省农业科学院食用菌研究所；福建省农业科学院水稻研究所；福建省农业科学院土壤肥料研究所；福建省农业科学院亚热带农业研究所；福建省农业科学院植物保护研究所；福建省农业科学院作物研究所；福建省热带作物科学研究所；福建省水产研究所

(续表)

从事国民经济行业	数量（家）	机构名称
医学研究和试验发展	5	福建省计划生育科学技术研究所；福建省微生物研究所；福建省医学科学研究院；福建省中医药研究院；厦门大学抗癌研究中心
社会人文科学研究	3	福建省科学技术信息研究所；福建省农业科学院农业经济与科技信息研究所；福建省体育科学研究所

国民经济行业分类依据"国家标准《国民经济行业分类与代码》（GB/T 4754—2017）"

公益类科研机构是以"社会公益事业、技术基础、农业科学研究"类型为主进行分类，主要属于无法得到相应经济回报的非营利性机构。福建省现有37家公益类科研机构虽然涉及领域较为广泛，但主要以农业类为主，农业科学研究和试验发展领域共有19家，占50%以上。鉴于福建省第一产业总产值占三产的比例已经从1970年的44.2%[3]下降到2018年的6.7%[4]，省属公益类科研机构中农业类科研机构占比过大，其余社会公益事业、技术基础类的研究机构比例偏低，显然已不能满足经济社会高质量发展的需要。

（二）主管部门分散

全省37家公益类科研机构分属于16家不同的上级主管部门，其中除福建省农业科学院独占15家外，其余22家分属15个厅局，平均每个厅局不到1.5家，有11个厅局分别只主管1家公益类科研机构。

主管部门中，有7家是省政府组成部门，有4家是省政府直属机构，有3家是省（部）属高等院校，1家为省属厅级事业单位，1家为设区市政府组成部门（表5-2）。

表5-2 福建省属公益类科研机构所属部门情况

序号	机构名称	所属部门
1	福建省农业机械化研究所	福建省工业和信息化厅
2	福建省林业科学研究院	福建省林业局
3	福建省体育科学研究所	福建省体育局

(续表)

序号	机构名称	所属部门
4	福建省农业科学院茶叶研究所	
5	福建省农业科学院畜牧兽医研究所	
6	福建省农业科学院果树研究所	
7	福建省农科院农业工程技术研究所	
8	福建省农业科学院农业经济与科技信息研究所	
9	福建省农业科学院农业生态研究所	
10	福建省农科院农业生物资源研究所	
11	福建省农业科学院农业质量标准与检测技术研究所	福建省农业科学院
12	福建省农业科学院生物技术研究所	
13	福建省农业科学院食用菌研究所	
14	福建省农业科学院水稻研究所	
15	福建省农业科学院土壤肥料研究所	
16	福建省农科院亚热带农业研究所	
17	福建省农业科学院植物保护研究所	
18	福建省农业科学院作物研究所	
19	福建省热带作物科学研究所	福建省农业农村厅
20	福建省水产研究所	福建省海洋与渔业局
21	福建省淡水水产研究所	
22	福建海洋研究所	
23	福建省微生物研究所	
24	福建省武夷山生物研究所	福建省科学技术厅
25	福建省测试技术研究所	
26	福建省科学技术信息研究所	
27	福建省医学科学研究院	福建省卫生健康委员会
28	福建省计划生育科学技术研究所	
29	福建省中医药研究院	福建中医药大学
30	厦门大学抗癌研究中心	厦门大学
31	福建省安全生产科学研究院	福建省应急管理厅
32	福建省标准化研究院	福建省市场监督管理局
33	福建省计量科学研究院	
34	福建师范大学地理研究所	福建师范大学
35	福建省环境科学研究院	福建省生态环境厅
36	福建省水利水电科学研究院	福建省水利厅
37	福建省闽东水产研究所	宁德市海洋与渔业局

分行业多头管理虽然有利于主管部门对各科研机构的行业管理，有利于对其为社会提供公共技术和公益服务作出宏观导向，更好地为政府协调相关

行业经济社会发展提供重要技术支撑，但由于缺乏类似教育工作委员会的行业协调管理机构，这种多头管理易产生3个方面的问题。

一是易造成科研机构治理中的"泛行政化"现象。这种按行政隶属关系设置的方式，导致科研机构难以遵照科研规律形成健全的创新体系，形成条块分割与部门利益。此外，不能跳出行政化的桎梏，也使得一些科技体制改革的政策难以实施，建设现代科研院所制度的步伐十分缓慢。例如国办发〔2000〕78号文件要求，"非营利性科研机构要根据国家法律、法规的规定和出资者的约定，制定章程，明确机构宗旨、业务领域、组织结构、决策监督程序、内部管理制度等"，出于部门管理职责以及部门利益，这一政策至今能够落实的还不多。

二是条块分割式组织结构造成科技资源之间相互割裂。在现有的行政管理体制下，科研机构承担各自的科技资源使用与管理职责。单位间人员与经费管理的相互限制，使各单位拥有的科研仪器、重点实验室、科技数据文献共享平台等科技资源难以形成合力，也不易做到跨部门择优竞争，优化科技资源配置。

三是不利于科研机构创新发展政策的贯彻落实。不同部门所属的机构，对政策的理解、把握有别，贯彻落实力度不同，往往带来政策的局部混乱。以人才引进为例，3所高校所属的公益类科研机构，政策明显优于其他厅局所属的公益类科研机构，易造成科研机构间人才的不正常竞争。由于难以在政策执行中建立起统一的沟通协调和评估调整机制，必然会对科研机构的深化改革和创新发展产生制约。

（三）分类管理交叉

福建省37家公益类科研机构均列入公益一类事业单位管理，但其中3所高校所属的科研机构——福建师范大学地理研究所、厦门大学抗癌研究中心、福建省中医药研究院，则同时又按照高校的公益二类事业单位管理，由于公益一类和公益二类事业单位在绩效工资管理等方面的不同，享受的政策有别，这3家科研机构在分类管理上存在的交叉现象，事实上导致公益性科研事业单位管理上的政策不严谨,极易造成上述单位在管理上采用何种适用政策的困惑与执行风险。

(四) 绩效考核作用不明显

如前所述,福建现有37家省属公益类科研机构间存在较大差距,多数科研机构在经济社会发展中发挥了积极的促进作用,但也有少数科研机构已难以履行科研机构应有的职责。而由于现行的省属科研机构考核基本是在系统内部进行,存在"宽、松、软"的现象,这一考核机制对被考核对象缺乏制约,难以发挥应有的激励与鞭策作用。

1. 考核过程"松"

对以公共财政投入为主的各类机构进行考核,是提高公共财政投资效率、督促各单位认真履职十分重要也是实践证明行之有效的手段。

省属公益类科研机构作为事业单位,已经普遍实施了绩效工资制度,并按照绩效工资管理要求,对单位和个人进行绩效考核。但当前,福建省属公益类科研机构的绩效考核还没有纳入省政府统一的效能考核体系中,而是由各自的上级行政主管部门组织开展。一般而言,省政府直属的科研机构(如省农业科学院)由自己组织开展考核,还没有政府部门对其整体上进行效能考核;其他厅局所属科研机构由各主管厅局分别负责组织对其进行考核,这种考核实际上是一种内部的考核。

由于是系统内部考核,缺乏外部的监督,这种考核偏重的还是科研机构对其内部职工的考核,考核的内容、对象、过程由上级主管厅局甚至是科研机构自主确定,没有统一的标准和规范的流程,往往存在较大的随意性。

2. 考核指标"宽"

建立严谨、完善、符合科研机构实际的考核指标,是公平、公正考核,并如实反映被考核单位实际业绩的前提。

由于没有纳入省政府的效能考核,当前,省属公益类科研机构虽然实行了绩效考核,但其考核指标,包括年度或中长期规划的目标任务,基本由科研机构自定(有些机构需报请其上级主管部门批准或备案),出于减少压力、完成绩效的需要,这类自定的指标往往可以较轻松地完成,有些甚至是按照已经基本确定的结果来核定任务指标(如获奖科技成果,一般是上年度公示,下年度公布,基本被科研机构采用作为下年度的任务指标)。

正因为如此,在对科研机构的考核中,很少会出现不合格的情形。即使是常年没有科技产出、综合绩效连续几轮排名都靠后的科研机构,其每年的绩效考核也都能轻松过关。在当前效能管理日趋严格的环境之下,如果缺乏统一、严肃的考核标准,研究机构自定的考核指标必将更趋宽泛,或者说更易实现,从而失去绩效考核的意义和必要性。

3. 结果应用"软"

根据考核结果奖优罚劣,促进被考核单位扬长补短,砥砺前行,是开展绩效考核的意义所在。

由于省政府层面没有对省属公益类科研机构开展考核,现有的省属公益类科研机构绩效考核对职工、对科研机构负责人的绩效仅会产生少量的影响甚至没有影响,对整个科研机构实际意义不大。科研机构干好干坏并没有太大的差别,尤其是干不好也体现不出应有的压力。省科技主管部门每2~3年对全省37家公益类科研机构开展的综合绩效评估,只能影响到下一轮省属科研院所基本科研专项年度预算安排,对科研机构及其负责人自身能够产生的影响并不大。

由于缺乏刚性约束,也缺乏应有的激励,现有科研机构的绩效考核激励和鞭策的作用都不明显。由此带来的另一个现象是,一些科研机构按照超出自身发展能力来大幅度自我加压、高定指标,但由于科研机构的主要工作都需要向有关部门申请经费或政策支持,申请不到支持的工作自然难以开展,如此一来,预定指标也就难以完成。而对这些高定的指标,完成了皆大欢喜,完不成毫无压力。这也导致有些公益类科研机构自娱自乐,得过且过,发展日渐落后,失去公益类科研机构应有的作用。

参考文献

[1] 福建农业科学院.福建省农业科学院五十年[M].北京:中国农业科学技术

出版社,2010.
[2] 《关于科研事业单位机构设置审批事项的通知》(中编办发[1997]14)[R].
[3] 福建省统计局.福建统计年鉴(2014)[M].北京:中国统计出版社,2014.
[4] 福建省统计局.福建省2018年国民经济和社会发展统计公报[EB/OL].中国统计信息网.

第六章 完善省属公益类科研机构的组建机制

公益类科研机构是我国事业单位的重要组成部分，也是国家科技创新体系的中坚力量。针对福建省属公益类科研机构在组建过程中存在的问题，要进一步完善审批与管理机制，明确并规范公益类科研机构设立的条件或标准、审批程序等。

本章重点探讨新建公益类科研机构的政策与机制，为推动省属公益类科研机构组建工作的科学化、规范化提供参考。

科研机构的建立与发展，需要政府投入大量的人、财、物力，科研机构建设过程出现的任何反复，都容易造成国家宝贵科技资源的浪费。

针对现有福建省属公益类科研机构组建过程中存在的问题，应加快规范和完善相关审查管理机制，尽可能使科研机构的组建避免过多的人为主观因素，增加科研机构设置的科学性与前瞻性。

一、明确公益类科研机构的组建条件

省属公益类科研机构的组建，既是事业单位改革的一件大事，也是全省科技创新体系建设的一项重要工作。对申请组建科研机构，应有相对严格、规范的条件要求，从机构设置申请这一源头上予以规范。重点应包括内、外两个方面的因素。

（一）外部驱动因素

公益类科研机构的首要职责是在政府的支持下，按照政府的要求，长期持续为经济社会发展提供公益服务，因此，政府稳定支持、行业发展需要等良好的外部环境，是组建新的科研机构的重要前提和首要标准。外部环境主要应有4个方面的内容。

1. 切合政府宏观政策需要

公益类科研机构以政府提供的经费为主要生存与发展条件，能否得到政府的政策支持是组建公益类科研机构的根本前提和保障。政策支持既包括国家的支持，即符合国家科学和技术发展需要，也包括当地政府的支持，切合本省经济社会发展需要。公益类科研机构组建，必须符合政府宏观政策需要，能够得到政府的政策支持，这是公益类科研机构设立的重要前提条件。例如，为了促进深圳市现代农业的发展，2014年，中国农业科学院和深圳市联合创办了中国农业科学院（深圳）基因组研究所，这是国内专门从事农业基因组学研究的国家级研究所。深圳基因研究所得到国家部委和深圳市的大力支持，研究所既被深圳市批准为公益二类事业法人单位，同时也获得中央编办正式批复，作为国家部委所属研究机构。2016年8月取得中央事业单位法人证书；2016年10月获得财政部批复的中央预算户头，并开设中央国库支付账户。2019年4月，中国农业科学院与深圳市签署全面战略合作框架协议，按照"院市共建、省部后援"的模式，推动基因研究所建设。在各级政府、企业等的大力支持下，基因研究所快速发展，到2019年，获得各级科研资金近4.8亿元，发表SCI论文230余篇，其中在《科学》《自然》《细胞》3大顶级期刊发表论文9篇。蔬菜、水稻等重要农业物种方面的基因组学研究位居世界前列[1]。

2. 切合经济社会发展需要

公益类科研机构主要为经济社会发展提供公共技术和公益服务。因此，一个科研机构的设立，必须要满足当前社会经济发展的需要，这是科研机构设立的前提条件，也是科研机构生存和发展的价值所在。与此同时，科研机构的研究职能与研究领域的确定，还必须要考虑产业发展的长远需求，这也是提升产业竞争力、促进产业和科研机构自身可持续发展的客观需要。公益类科研机构享受政府财政的完全支持，在这方面应该有更加严格的要求，其科研和技术服务领域应能适应现阶段中国发展的客观要求和行业发展新定位，与行业发展重大需求保持一致，能够促进行业的健康发展，才能从政策上得到政府和行业的支持，科研机构也才能更好地发挥作用。

3. 切合国内外科技创新发展的需要

除满足经济社会发展需求外，科研机构在创新发展方面尤其要注重创新性、前瞻性，注重未来发展前景，好的科研机构还必须具备引领本行业创新发展方向的能力。因此，新组建的科研机构应该有较为充分、较为深入地对本行业或类似行业现有科技创新发展的了解，对未来发展前景有说服力的预测和展望。因此，在今后对公益类科研机构的审批中，必须加强科学严谨的专业论证，尤其要注重多采纳国内外同行专家的意见。

4. 切合创新体系合理布局需要

《中华人民共和国科学技术进步法》明确规定："利用财政性资金设立科学技术研究开发机构，应当优化配置，防止重复设置；对重复设置的科学技术研究开发机构，应当予以整合"。公益类科研机构是全省区域创新体系的重要组成部分，新组建的科研机构必须与全省创新体系有机衔接，成为全省科技创新体系的有机组成部分，有利于增强区域创新体系的建设，与同领域国际科技创新发展趋势相符，具备必要的科研能力，与已有的科研机构形成既相互联系又互有侧重的创新体系，能够以独有的技术创新引领产业发展，服务经济社会，避免重复建设，浪费资源。要使科研机构的布局科学合理，就要在省级层面切实做好学科建设的统筹规划，立足科技创新和科技服务两大职能，从学术、产业、区域等多维度进行学科分类和建设。为此，必须适度调整现有设立科研机构的申请主体，不能简单由该机构的行业主管部门提出申请，而是要建立"以学科为核心"的科研机构论证审批模式，由科技主管部门站在全省的角度，统筹谋划科研机构的布局，在此基础上，成立由科技管理部门、省内外同行专家组成的工作小组，结合不同学科特点，会同拟设立科研机构的行业主管部门，构建覆盖规划论证、申报审批的规范化管理和审批体系,按照产业发展与科技创新布局的需要,共同研究提出科研机构的创新重点与方向,在全省形成精干高效的科技创新体系。

5. 公益职责明确

新组建公益类科研机构必须具有十分清晰明确的公益职责,有重点明确的职责、方向明确的研究领域,主要服务于社会效益显著而经济效益不明显行业或产业,研究成果直接关系到公民健康、社会安全、经济稳定等,具有公共产品和准公共产品属性,无法得到相应经济回报,要么是企业因无利可图而不愿提供,要么是其他社会组织因自身条件限制而无法提供。这种职责和领域既要尽可能与现有的科研机构之间不发生或少发生交叉重复,尤其注重不同主管部门所属科研机构间研究职能的区分与衔接;还要注重长期实际效益,避免追求短期成果或表面效果。

(二) 内部驱动因素

与其他行业相比,科研机构的发展更依赖于科技人、财、物力的投入,因此,一家公益类科研机构不可能凭空出现,必须具备一定的发展基础。这些内在的发展基础决定了科研机构的发展潜力与服务能力。

这些条件应包括:

1. 必要的机构与人员编制

编制是省属公益类科研机构存在的前提。省编制管理部门要根据科研机构开展的创新与服务的职责要求,为公益类科研机构设定合理的人员编制,以及机构内不同人员的结构比例。人员编制既要考虑有一批长期固定人员,以增强科技创新的长期稳定性;也要按照现代科研院所建设需要,给予单位一定的用人自主权,设立一批灵活的用人编制,尤其是科辅人员和后勤服务人员,使科研机构能够在自主选聘的基础上,实现人员的能进能出,增强机构的创新与发展活力(《福建省人民政府关于进一步支持省属科研机构加快创新发展的若干意见》虽然提出,"省属科研机构根据专项科研或技术服务需要,自主招聘编制外部分急需的专业技术人员和科辅人员,所需经费可从科研、技术服务项目经费中按有关规定列支",但由于项目经费中用于人员的支出有限，这条政策难以得到有效落实）。对现有的一些编制明显不能满足创新与服务需要的省属公益类科研机构，如福建省武夷山生物研究所等，如果不能扩充人员编制，就要考虑与其他科研机构的整合重组。

2. 结构合理的人才队伍

人才是科技创新的第一资源，直接决定了科研机构的发展和创新能力，是科研机构的重要战略资源和科技创新重要基础，也是科研机构设立的必要条件。科研机构必须有一定的人才支撑，尤其是必要的高层次人才、领军人才、学科带头人，除高层次人才外，还要有合理的人才梯队，包括相应的科辅人员和后勤服务人员。对少数缺乏人才、已基本无法开展创新与服务的公益类科研机构，如福建省计划生育科学技术研究所等，应对其编制内人员的招聘设定较高的条件。例如，针对现有人才队伍结构不合理的现状，福建省农业科学院要求其下属研究所，在新招聘人员中必须以博士为主，只有在博士比例达到职工总数的30%以上时，才允许招收硕士（含）以下学历的科辅人员。

3. 基本满足需要的科研仪器设备

如果说人才是科研机构生存发展的软件基础，科学仪器设备、科技创新平台则是科研机构发展必不可少的硬件基础，直接影响科技工作的开展和科技竞争力的提升。科研机构开展高水平研究，聚集优秀科研人才，都离不开高水平的仪器设备、创新平台等必要的基础条件。除可通过社会化服务提供和科教机构间的共享外，科研机构必须要具备必要的高、中、低端配套的研究设备，这是开展科研工作所必不可少的。同时，科研机构还必须具备根据创新需要，不断添置、更新设施设备的能力。福建现有的 37 家公益类科研机构中，除从事社会科学研究的机构外，武夷山生物研究所、热带作物科学研究所、福建省农业科学院果树研究所、闽东水产研究所等机构，科研仪器设备明显不足。类似的问题，在新设立公益类科研机构时，就应统筹考虑，尽可能避免有钱养兵、无力打仗的被动局面，应在努力推进全省科研仪器设备资源共享的同时，有针对性地对新设立公益类科研机构在仪器设备购置方面给予持续稳定的支持，为科研机构充实必要的科研基础条件。

4. 稳定的公共财政支持

省属公益类科研院所以公益性服务为主,受服务对象和服务领域的限制,这些机构的创收能力十分有限,稳定的财政支持,是其生存和发展的基础与保障。因此,公益类科研机构的公共财政预算应该得到充分的保障,且有稳定的渠道来源和增长机制,保障其基本的人员支出、创新和服务经费、平台建设资金等。福建省在尽可能保障公益类科研机构得到财政有力支持的同时,还要注重完善财政支持的结构,一要适当增加对科研机构稳定的基础设施建设投入,二要规范科技项目(重点是省内项目)经费中人员经费的支出,针对目前不同项目之间人员经费支出管理的差异,制定规范的制度,使不同项目之间有可比性、可考核性,避免科技人员在争取项目时厚此薄彼。

5. 适当的地理位置

除上述四个基本条件外,科研机构还必须有合适的地理位置。科技人员同样面临亲属子女就业和就学等问题,随着时代的发展,年轻一代对自身发展环境的要求越来越高,因此,合适的地理位置对人才的吸引力日趋重要,地理位置成为影响人才引进的一个十分重要因素。福建省农业科学院茶叶研究所因为地处福安社口镇,地理位置偏僻,长期以来,既难以吸引人才,也难以留住人才,不得已将注册地迁到福州。安徽省农业科学院茶叶研究所也面临同样的问题,将所址从全省最南端的祁门县迁到黄山市,科技人员的户口则寄在合肥市。因此,一个科研机构的设立,必须综合考虑地理位置,否则必然难以吸引人才,也难以留住人才,从而必将影响到科研机构的持续发展。

以上条件尤其是前4个条件,对科研机构缺一不可,缺少其中的任何一条,科研机构要么无法组建,要么组建后也难以发挥应有的作用。

(三)健全的管理体制

适应现代科研院所发展需要的管理体制,是科研机构持续稳定和健康发展的必要保障。新设立的公益类科研机构,在组建之初,就要尽可能按照现代科研院所的治理标准,来建立和规范管理制度,完善院所法人治理结构,建立灵活的人才管理机制,特别是人才评价机制和薪酬激励机制,具备对现有行业政策的灵活把握和推进落实的能力,以实现院所治理体系和治理能力的现代化,形成竞争向上、协同发展的良好局面,以免再现当前事业单位管理中的一些弊端,导致问题积重难返。

要认真落实中办、国办《关于深化项目评审、人才评价、机构评估改革的意见》,加快建立健全以法人治理结构、制度建设、成果收益、管理成效等为导向的公益类科研机构评价体系,推进科研机构科技创新和供给能力的大幅提升。在现行的宏观行政管理体制下,现代科研院所的制度建设应重在机制创新而不在体制改革。要重点加强以下3个方面的制度建设。

1. 党的领导与法人治理的统一

2008年7月1日开始实施的《中华人民共和国科学技术进步法》规定,"利用财政性资金设立的科学技术研究开发机构应当建立职责明确、评价科学、开放有序、管理规范的现代院所制度,实行院长或者所长负责制"。同年出台的《福建省科学技术进步条例》规定:"有条件的研究开发机构实行由理事会领导、科学技术工作者代表组成的监事会监督、院(所)长负责的管理制度"。在当前全面从严治党、党领导一切的时代背景下,科研机构首先要探索进一步完善党委(党组)领导下的院所长负责制,推进党的领导与法人治理的和谐统一。福建省现行对公益类科研机构(不含省政府直属科研机构)领导职数的标准配备是一正二副至三副,一般由研究所的所长兼任书记,这种领导体制有利于强化党对科研机构的领导,强化单位主要负责人的"一岗双责"。但考虑到科研机构的特殊性,即不可避免会有一些党外人士出任科研机构的负责人,在这种情况下,为切实加强党的领导,落实主体责任,就必须给予二正的领导职数配备,对类似的问题,应该制定出一个规范的管理章程,减少随意性。

在这方面,中国科学院深圳先进技术研究院开展了新的探索,共建三方(中国科学院、深圳市人民政府、香港中文大学)不断探索有效的现代科研院所管理机制,对研究院实行理事会管理。根据《中国科学院与合作方共建研究机构理事会章程》,理事会由中国科学院担任理事长单位,深圳市人民政府、香港中文大学担任副理事长单位,中科院广州分院、深圳市相关局委参与。

2. 明晰科研机构的管理职责

要建设现代科研院所，就必须从"放"和"管"两个方面明确科研机构的职责范围。在"放"的方面，要认真落实中央关于科研机构"三评"改革和"放管服"精神，进一步强化科研机构自主管理的权利和职责，认真梳理院所管理负面清单，明确应授权事项，实现研究机构权责利的统一。在"管"的方面，新设立的科研机构要从提升管理效能出发，从行政后勤、人才人事、财务管理、科技创新、科技服务、成果转化、党的建设等各个方面，理顺工作职责，完善工作制度，明确工作流程，推进院所治理体系和治理能力的现代化。

如中国科学院深圳先进技术研究院通过章程，首先明确了理事会的职责，即：负责审议重要规章和制度，提出所长（院长、主任）与副所长（副院长、副主任）的建议人选，审议发展战略、规划及法定代表人任期目标，审议年度工作报告、财务预算方案和决算报告，审议批准职工薪酬方案等。

3. 灵活的人才管理机制

人事人才管理是科研机构管理中的一个重点，也是难点。对新设立的公益类科研机构，从设立伊始，就要尽可能建立起适应现代科研院所需要的人事管理制度。一要建立固定岗位与流动岗位相结合的人员聘用制度，充分激发新建科研机构的活力。对紧缺的高层次人才和中层以上负责人，聘为编内的固定编制人员，以稳定和留住人才。对其余的大部分科辅人员，采用"人事代理"公开招聘，明确岗位职责，实行"同工同酬"。留出部分空余编制，根据课题研究需要，用于全年常态化招聘编制外人员。同时，柔性引进一批高层次人才，不求所有，但求所用（对上述编制外人员，应列支与编制内人员同等的财政事业费）。二要创新人才评价机制。中办、国办关于深化科研机构"三评"改革的文件，以及福建省相关深化科技体制改革的文件都一再强调，要建立健全以创新能力、质量、贡献为导向的科技人才评价体系；要结合科研机构的不同岗位特点，建立健全人才分类评价指标体系，改革职称评聘标准，科学设立人才评价指标，突出品德、能力和业绩导向，克服唯论文、唯职称、唯学历、唯奖项倾向，把研发成果原创性、成果转化效益、科技服务满意度等作为重要评价指标（这一政策在实践中执行得并不到位，主要是缺乏可操作的具体办法。要实现这一点，就必须真正建立起以专家治院、同行评议为主要特征的现代科研院所评价体系，同时强化专家的科研诚信建设）。三要建立健全激励机制，在收入分配上真正向优秀人才倾斜。在一次分配时，按岗定酬，同一职称但不同岗位的科技人员之间，分配差距可以大幅拉开；在二次分配中，要建立健全与业绩和贡献紧密联系、充分体现人才价值、有利于调动人才积极性的激励保障机制。

中国农业科学院与深圳市共建的深圳基因组研究所，按照现代创新型研究所的模式进行建设和管理，为吸引海内外一流的优秀博士毕业生来所从事博士后研究，规定博士后在站三年间，提供100万元的工资和补贴、100万元科研经费和100万元创业股权投资基金。由于机制灵活，高层次人才集聚，成立短短几年来，就迅速取得较好的成就，已陆续引进高层次人才32位，聘请美国科学院院士等11位国际顶尖专家为兼职教授和学术委员会高级顾问。有18人被认定为深圳市高层次人才，5人被认定为省部级人才[1]。

二、规范公益类科研机构的组建程序

组建新的公益类科研机构，是完善科技创新体系，提升区域创新能力的重要措施之一。在国家对机构管理日趋规范的宏观背景下，各级政府对事业单位在编制等方面的管理更为严格，公益类科研机构组建的审批管理机制应进一步规范和完善。

对新组建省属公益类科研机构的审批，主要包括"审"和"批"两个环节。如前所述，福建省属公益类科研机构在组建的审批管理过程中，还存在缺乏第三方评审机制、主观意识突出、专家的诚信制度建设缺失等问题，针对审批环节存在的这些不足，要完善对新组建省属公益类科研机构的审批管理政策，重点改变当前"审"与"批"合一的问题，试行"审""批"分离,加快制定更加规范严谨的审批制度。

(一) 建立第三方论证审查机制

当前,对省属公益类科研院所的设立,主要由省编制主管部门和科技主管部门负责审批,其中,编制部门主要审查编制情况。科技主管部门负责审查申请单位的可行性研究报告,主要包括拟申请设立研究机构的目的意义(含职能设置),具有的基础条件、拟开展的研究重点等。从实践看,申请设立新科研机构的可研报告并不十分严密(有些甚至不够严肃),缺乏长远的考虑。除了对机构职数和人员编制有严格的硬性条件外,并无其他前提条件。一般情况下,只要在编制许可的范围内,科研机构所属的行业主管部门提出设立申请,基本都会获得批准。也正因为如此,才导致省属公益类研究机构从成立至今,多数出现了更名、撤并的现象。要改变这种状况,就要尽快建立第三方论证审查机制。

1. 探索实施第三方审查

鉴于目前科研机构组建过程中存在的行政性过于突出的问题,为使省属公益类科研机构的组建更加客观、公正,真正实现科研机构的公益性服务功能和长远发展规划,有必要建立第三方审查机制,这种审查应独立于科技管理部门,以及拟设新组建科研机构的行业主管部门之外。其审查方式是:由政府科技管理部门委托第三方,针对拟新组建科研机构的具体情况,组织相应的专家组,对申请组建科研机构的可研报告进行认真负责的审查和充分、科学的论证;审查申请组建科研机构的材料是否齐全、可信,专家的论证过程是否合规,论证结论是否合理等。

2. 健全专家论证制度

在科研机构尤其是公益类科研机构的组建过程中,要充分发挥专家的专业作用,建立并不断完善专家论证机制,在全省层面强化对组建公益类科研机构的专业论证,以打破部门藩篱,尊重科学规律,破除主观意识,真正用科学的理念论证科研机构的组建。

专家组既要有相关研究领域的专家,也要有科技管理方面的专家,就拟新组建科研机构的可行性、必要性、合理性进行论证,重点论证机构设立的必要性、基础条件、机构的发展前景、对经济社会发展的促进作用等。通过强化专家论证,增强研究机构建设的科学性,弱化科研机构的行业主管部门在其中的主导作用,避免科研机构组建的过度行政化问题。

3. 加强第三方诚信建设

要使专家论证和第三方的独立审查真正发挥作用,就要注重加强对第三方审查机构的规范,加强第三方和有关专家的诚信建设,完善相应的监督管理机制,包括对违规的第三方机构、有关专家的处罚和退出机制,确保第三方评审与专家论证做到客观、公正。

(二) 完善机构设立的审批程序

对新组建科研机构,在通过第三方论证审查后,要合理设定科技主管部门与编制主管部门的职责,适当强化科技主管部门的审批职责。

1. 强化科技部门审定职能

职能直接决定了机构存在的必要性和合理性。通过第三方审查后,下一环节就应提交科技管理部门,研究确定科研机构的职能。

一要强化科技主管部门对设立科研机构的审查职责。《福建省科学技术进步条例》(以下简称《条例》)规定:"省人民政府应统筹规划全省研究开发机构,优化结构,形成布局合理的科学技术研究开发体系。"科技主管部门是省政府承担这一职责当仁不让的部门,应该按照《条例》的要求,对全省科研机构尤其是公益类科研机构的职能进行合理设置与分工。因此,必须改变现行完全由行业主管部门决定科研机构职能的做法,改由科技主管部门会同拟设立科研机构的行业主管部门来共同确定,或者至少赋予科技主管部门在这方面更多的决定权。

科技主管部门要围绕国民经济和社会发展需要,站在全省的层面,加强对公益类科研机构的结构布局、职能定位的宏观管理和统筹协调,按经济与社会发展需要设置公益类科研机构,同时兼顾省、市科研机构的衔接与协调,以避免科研机构间的重复研究,造成资源浪费、目标雷同,从而建立起统一协调、结构优化、布局合理、科技力量相对集中的科技体系，实现全省科技资源的合理调配和优化组合。

二要增强科研机构设立的计划性。科研机构有其特殊性，要真正在全省形成布局合理的科技创新体系，就必须对科研机构的设立采取一定的计划性。一是在对国内外相关研究的全面深入了解，对本省经济社会发展技术需求真正深入调研的基础上，加强顶层设计和统筹规划，合理设置各类科研机构的布局。二是围绕国民经济和社会发展需要，站在全省的层面，促进产业之间、省市之间科研机构数量的协调，调整目前由科研机构的行业主管部门负责并主导确定设立何类研究机构的做法，改由科技主管部门审核其机构职能、研究方向与重点。

2. 规范编制部门的编制审定

在科技主管部门对拟新设立科研机构的职能和布局审查通过后，编制管理部门要负责开展对机构编制的合理性进行核定。相对于其他部门的审核、审查，编制管理部门在编制许可方面的审查是最为直接、也是最具效率的审定。

编制核定应把握以下几个原则。

一是依法依规，严格管理。机构编制的设置，是机构管理的基础性工作，也是行政管理的重要内容之一。要严格按照编制管理和事业单位管理的有关规定，进行核定。

二是按需设置，预留空间。要严格按照职能需要确定科研机构的编制，同时，要为科研机构的发展预留必要的编制空间，为人才的引进提供条件。

三是总量控制，机制创新。要按照现代科研院所管理机制的要求，科学设定科研机构的编制，既要有长期稳定的编制，以留住人才，也要有机动灵活的用人编制，保障科研机构创新人才的引进，真正实现人员能进能出，能上能下。

三、强化新建机构的能力建设与评估

新组建科研机构要想实现预期的经济社会服务目标，绝不能凭空出现，也不能在组建后放任自流,必须强化两方面的工作。

(一) 重视申报对象的研发基础

在专家论证与机构审查过程中,应从那些科技创新活动已对领域或行业发展做出重要贡献、科技创新水平在同领域国内外科技创新发展上具有一定影响力的科研机构中择优选择组建新的省属公益类科研机构。支持和鼓励这类科研机构担负起行业发展知识创新和产品创新之间的衔接作用,与高校、企业研发机构在功能上形成合理分工,重点开发研究行业共性技术和关键技术,实现所在领域重大关键技术体系和系统集成创新,推动科研成果转化、推广和示范,推动产业技术进步,引领行业发展方式转变。如目前未进入公益机构行列的科研型事业单位,机构编制部门审批设立事业单位性质的新型研发机构,在民政部门登记注册的新型研发机构,主要从事技术研发、成果转化、技术服务、科技企业孵化等活动并在工商注册的新型研发机构等。

(二) 实行合同制的考核与评估

对符合组建条件并通过批准认定建设的新建公益类科研机构,可以探索采取合同制管理模式,应设立科研机构的建设任务与目标,建设期可设定为3~5年。

建设期内,由科技主管部门对新组建的科研机构实行年度总结和定期考核评估的动态监督方式进行管理,统一纳入全省公益类科研院所的考评范围,即年度考评与建设期满考评相结合。考核评估工作采用定量分析与定性分析相结合,现场考察与综合评估相结合的原则,重点对新组建科研机构职责定位的科学性、科技创新活动与职责定位的相符性、科技创新活动与国家或行业发展重大需求的一致性,以及与同领域国际科技创新发展趋势的符合性作出判断,对新组建科研机构队伍建设与人才培、研究水平与成果、开放交流与运行管理,以及创新成果转化、转移、扩散的社会效益等方面进行考评。建设期满，完成合同约定的目标和任务，验收合格的正式纳入省属公益类科研院所行列。

参考文献

［1］ 中国农科院深圳基因组研究所：本所概况［EB/OL］. http：//www.agis.org.cn/bsgk/fzlc/index.htm.

第七章　完善省属公益类科研机构的退出机制

科研机构发展难而撤并易。对因多种原因而不得不退出公益类管理序列（包括撤并、转制等）的省属科研机构，应设定较为严格的条件，并加强对这类科研机构中相关科技资源的保护与利用。

本章重点对退出公益类管理的科研机构的条件、程序等进行分析，提出完善省属公益类科研机构退出机制的对策措施。

科研机构如同一个鲜活的生命体，必然也存在一个产生、发展、壮大直至消亡的过程。科研机构的建设和发展，需要投入众多的人财物力，其中的人才与创新思想的积累，更是一个长期复杂的过程，这些都是国家宝贵的资源。一家科研机构如因多种因素面临被撤并、转制从而不得不退出公益类管理，对其退出的审批与管理应十分慎重。

一、严格开展公益类科研机构的考核评估

对公益类科研机构开展更权威、更有效的绩效考核，既是落实财政绩效考核的需要，也是督促、推动科研机构更好地服务经济社会发展的需要。应进一步完善当前的省属科研机构考核管理办法，建立起科学合理、符合公益类科研机构实际的考评办法，强化对省属公益类科研机构的绩效考评，以便对科研机构开展更加有效的评估和过程监管。

（一）出台考评意见

1. 明确考评原则

科研机构不同于行政管理系统，其绩效考核指标应有别于行政部门或一般的事业单位；同样地，对省属公益类科研机构的评估，也应有别于一般性科研机构的考评体系。

福建省属公益类科研机构的考核评估，应坚持以下原则：

一是分类评估原则。考核指标尽可能涵盖37家省属公益类科研机构的不同类型，公正客观体现不同类型研究机构的实际成效。

二是可量化原则。考评指标应尽可能可量化，尽可能减少定性指标，减少人为主观因素的影响，使考评结果直观、便于操作。

三是长短结合原则。考评指标应以现有发展成效为主，同时兼顾远期发展前景，兼顾科研机构对经济社会长远的潜在贡献，这对新成立不久的研究机构尤为重要。

四是内外兼顾原则。既要突出自身发展成效，也要关注成果转化成效，引导公益类科研机构将科研发展与产业发展相结合，推动科研成果转化，服务经济社会进步。

2. 制定考评指导意见

2008年，福建省科技厅、财政厅、省委编办、人事厅等部门联合发布《关于加大对公益类科研机构稳定支持的若干意见》（闽科政〔2008〕39号），明确规定，要"建立科研机构创新绩效评价机制"，一是"探索建立科研机构创新绩效评价制度"，二是"建立科研机构年度报告制度"。由于种种因素，这两条规定中，前者（创新绩效评估）还在探索之中，当前开展的绩效评估主要应用于部分科研经费的后补助分配，激励或鞭策作用相当有限；而后者（年度报告制度）还未得到落实。为配合财政绩效考核的实施，规范省属公益类科研机构的考评，需要尽快在省政府层面出台统一的省属公益类科研机构绩效考核的指导意见。

（二）制定考评办法与指标

在公益类科研机构考评的指导意见出台后，应尽快配套出台相应的具体考评办法，使公益类科研机构的绩效考核规范化、制度化。

1. 制定考评办法

《福建省科学技术进步条例》规定："各级科学技术行政部门应会同有关部门对各类研究开发机构组织定期考评，择优支持。具体考评办法由省科学技术行政部门制定"。但多年来，全省尚没有针对科研机构制定具体的考评办法。这些年来，对科研机构的考评，科技主管部门参与程度总体上较低，目前的考评主要是科研机构所属的上级行业管理部门自行组织开展的，而且也没有完全体现绩效考核目标。

针对当前科研机构考核评估相对虚化弱化的现象，尽快落实中央《关于进一步完善科研事业单位机构设置审批的通知》和《福建省科学技术进步条例》的相关要求，制定出台全省统一的公益类科研机构评估办法，实现对公益类科研机构的科学考核与动态管理。

2. 优化考核指标

合理的考核评估指标，是公正考评、有效监督的基础。中办、国办关于科研机构"三评"改革意见提出，"以构建科学、规范、高效、诚信的科技评价体系为目标，以改革科研项目评审、人才评价、机构评估为关键，统筹自然科学和哲学社会科学等不同学科门类，推进分类评价制度建设，发挥好评价指挥棒和风向标作用，营造潜心研究、追求卓越、风清气正的科研环境，形成中国特色科技评价体系"。

福建省要加快落实中央文件精神，以及福建省科技厅等部门《关于加大对公益类科研机构稳定支持的若干意见》要求，针对福建省属公益类科研机构的不同情况，分类建立相应的评价指标和评价方式，分类区别确定考核指标，形成完善的省属公益类科研机构考评体系，力图客观、真实、准确反映不同评价对象的实际情况，进一步提高科技评价活动的公开性和开放性，保证评价工作的独立性和公正性，确保评估结果的科学性和客观性。

（三）完善考评方式

推进公益类科研机构绩效考核的3个结合。

1. 年度考评与中长期考评结合

科研机构绩效考核具有其特殊性，主要表现为两点：一是科研项目的长期性。一般科研项目短则2~3年，长则3~5年甚至更长，单纯的年度考核往往难以体现科研机构的实际成效。二是研究结果的不确定性。科学研究具有探索性质，一些探索性的研究最后没有成功甚至失败，都是正常情况。因此，对科研机构考核指标的设置，应充分考虑这种不确定性。

对科研机构开展年度考核，可以体现科研机构一年的进展，这是促进科研机构检视存在问题、推进工作的重要手段。但针对科研机构的规律和特殊性，对科研机构开展的考评，应该同时着眼长期的创新成效，实行年度考评与中长期考评结合，引导科技人员摒弃短期行为，潜心自主创新，扎扎实实去攀登科学高峰。

年度考核以科研机构的行业主管部门为主进行，可以采取科技部门备案制。中长期考评（3~5年）则应由科技主管部门牵头负责，行业主管部门参与，对照机构职责和目标进行全面考评。

2. 考核结果与政策支持结合

中办、国办《关于深化项目评审、人才评价、机构评估改革的意见》指出，要"加强绩效评价结果与科研管理机制的衔接，充分发挥绩效评价的激励约束作用，在科技创新政策规划制定、财政拨款、国家科技计划项目承担、国家级科技人才推荐、国家科技创新基地建设、学科专业设置、科研事业单位人事管理、绩效工资总量核定等工作中，将绩效评价结果作为重要依据。按照程序办理科研事业单位编制调整事项时，应参考绩效评价结果"。

目前，福建省科技管理部门已逐步加强了考核结果的应用，将公益类科研机构综合绩效考核结果作为绩效经费和专项经费支持的依据。2016—2018年，机构绩效考核前三名的科研机构，所获得的绩效经费和专项经费总数为788万元，是后三名总数（261万元）的3倍以上，但这在科研机构所获得的政府投入中只占很小的一部分。更为重要的是，当前还缺乏一套完善的考核结果应用管理办法。

要认真执行中办、国办的有关规定，在加强对省属公益类科研机构考核评估的同时，注重考核结果的应用，将考核结果与政策支持结合，注重运用政策与经费的杠杆，充分发挥绩效评估的激励约束作用，将绩效评估结果作为科技财政拨款、科技计划项目承担、科技人才推荐、科技创新基地建设、学科专业设置、科研事业单位人事管理与负责人考核评估、绩效工资总量核定等工作的重要依据，使考核发挥其应有的效果。用政策来激励先进，鞭策后进；用考核结果来引导、推动科研机构管理的发展。结合科研机构的实际，可以每3~5年开展一次省属公益类科研院所综合考评，对考评成效突出的，给予后补助等政策支持；对于考评成效较差的，可以试行红黄牌警告机制，第一次（3~5年）实行黄牌警告，第二次（6~10年）可以实施红牌退出机制。

3. 创新考核与应用考核结合

公益类科研机构的主要职责体现在两个方面，一方面，要努力拿出支撑和引领经济社会发展的创新性成果；另一方面，要将成果推广应用，无偿或低偿服务于社会。因此，对公益类科研机构的考核，应注重创新绩效考核与应用绩效考核的结合。

对科研机构的考评，首先要考评其科技创新的水平，这是科研机构工作的重中之重，这方面的考核，中长期以科技主管部门为主，年度考评以科研机构所属的行业主管部门为主。同时，也要注重考评其社会效益，尤其是科研成果的转化应用，这方面的考核应注重结合社会评价，合理设置一些社会评估的指标。

二、严格设定公益类科研机构的退出条件

公益类科研机构的退出，不论是转制还是撤并，都是一项十分慎重和严

肃的工作，应该有着迫不得已的原因和严格的条件限制，至少应该包含以下基本条件。

（一）公益性职能的消失

1. 失去产业需求

引领和支撑产业发展是科研机构开展科技创新的意义之一，也是公益类科研机构公益性职能的具体体现。反过来，如果科研机构原本所服务的产业大幅度萎缩或消失，这样的机构就随之失去公益服务的职能，最终也将失去存在的价值和意义。

2. 失去政策支持

政府持续稳定的政策与资金支持，是公益类科研机构生存和发展的基础。如果科研机构失去为经济社会发展开展公益服务的职能，相应的政策与资金支持必将随之减少甚至取消，科研机构将成为无源之水，必然将会逐步退出公益类科研机构管理序列。

（二）发展与服务能力弱

1. 编制与人才不足

科研机构开展创新与服务，需要相应的人才支撑。对人员编制严重不足、高层次人才缺乏、已明显不能满足创新与服务需要的省属公益类科研机构，就应考虑实施退出机制。福建省现有少数省属公益类科研机构的人员编制只有十几人（如福建省武夷山生物所），或二十几人（如福建省计划生育科学技术研究所等），显然不能满足科技创新的需要。对这部分机构，如果不能扩充人员编制，就要考虑与其他科研机构的整合重组。

2. 科技产出低下

以福建 37 家省属公益类科研机构为例，2014—2018 年，有超过 1/3 的省属科研机构（16 家）省级以上科技成果获奖数为零，除没有获奖成果外，福建省计划生育科学技术研究所、福建省武夷山生物研究所同期发表的论文分别仅有11篇和4篇，成果转化收入为零。对于这些多年没有科技产出或投入产出严重不成比例，已基本没有存在价值的科研机构，可以考虑将其逐步退出公益类科研机构序列。

（三）综合考评持续落后

公益类科研机构在创新基础、创新成果、创新效益和发展前景等方面综合绩效考评成效较差，连续多年位于全省被考核的相关机构末位的，如不愿意主动申请退出的，可由科技主管部门根据考评结果，着手启动强行退出机制。

对科研机构的退出标准，应从纵向和横向两个维度去开展考评。

（1）纵向发展成效考评。从纵向角度，在两个评判期内（6~10年），科研机构的主要考核指标（人才条件、平台条件、财政项目绩效）没有进展，甚至是多数持续退步的，应考虑将其列入退出公益类管理的行列。

（2）横向水平比较考评。从横向角度，与省内外相同或相似研究机构相比，科研机构在人才条件、平台条件、财政项目绩效3个方面指标长期处于末位的，应考虑列入退出行列。

三、严格规范公益类科研机构的退出程序

对不合格科研机构实施退出机制，主要有两种情况：一是因为上级行业主管部门的机构改革而主动申请退出的，这是当前的主要方式。另一种则是由上级行业主管部门或科技主管部门强行将其退出的，目前还基本没有推行。不同情况的退出程序应有所区别。

由于福建省公益类科研机构的整体数量有限，对不合格公益类科研机构的退出，要设定较为严谨的审批程序，使得主动或被动退出的科研机构及其

职工均能接受这一结果。

(一) 主动退出公益类科研机构序列的审批

主动申请退出省属公益类科研机构管理序列的科研机构,其审批程序应相对简化。即便如此,也应在现有相关政策规定下,适当淡化行政管理性审批,适度增加科技管理方面的审批。其程序可以调整如下。

(1) 主管单位申请。由科研机构所属行业行政主管部门向科技行政主管部门提出申请,申请中需阐明科研机构撤并或退出公益类科研机构管理(以下简称撤并或退出)的详细理由。

(2) 科技主管部门组织第三方审查。由科技主管部门委托第三方对科研机构撤并或退出的申请进行审查,重点审查拟撤并或退出科研机构的现有发展基础、对经济社会的贡献(科技产出)、是否符合全省科技创新体系的整体布局、有无发展前景等。审查结束后,第三方机构独立作出是否需要撤并或退出的审查结论。

(3) 科技主管部门审批。通过第三方机构的审查后,由科技主管部门对科研机构进行撤并或退出的行政审批。第三方审查未通过的,原则上撤并或退出的程序即行终止,退回申请单位。

(4) 编制管理部门审批。科技部门通过审批后,编制部门审核机构编制变动情况,撤销机构或取消该机构的公益类管理。

(5) 备案。编制管理部门审批通过后,报科技主管部门备案。该机构从省属公益类科研机构中移除,不再享有省属公益类科研机构的相关政策支持。

(二) 被动退出公益类科研机构序列的审批

对于少数滞后于社会经济发展需要、科技创新能力严重不足、多年没有科技产出或投入产出效率低、综合绩效考评中成效较差(如连续几轮考评均居后三名)、已基本没有存在价值的科研机构,如不愿意主动申请退出的,应由科技主管部门根据考评结果，启动强行退出机制，以激励先进、鞭策后进。

对强制退出的科研机构可以按如下程序进行。

（1）科技主管部门组织第三方审查。重点审查启动黄牌机制后，机构几年来的发展变化情况，各方面指标有没有明显改观，第三方应实事求是、独立出具审查结论。

（2）科技主管部门组织相关厅局审核。第三方审查结束后，对确需强行退出的公益类科研机构，由科技主管部门根据考评结果，协调财政、效能等部门进行审核，提出处理意见。

（3）审批、撤销。科技主管部门以及财政、效能等部门审批通过后，即转由编制管理部门审批，按程序对公益类科研机构进行撤销。

（4）备案。编制管理部门审批通过后，报科技主管部门备案。该机构从省属公益类科研机构中移除，不再享有省属公益类科研机构的相关政策支持。

四、高度重视公益类科研机构退出后的资产处置

公益类科研机构的发展，需要长期的科技资源积累，也需要国家大量的投入，更离不开一代又一代科技人员付出的艰辛努力。一个科研机构建立后，尽管由于种种原因，其发展不如预期，以致于不得不被撤并或从公益类科研机构序列中退出，但其多年发展积累的有形和无形资产，尤其是科技资料、种质资源、人才资源等是一笔值得珍惜的财富。有鉴于在此前的科技体制改革中，一些科研机构撤销后，其科技资源没有得到有效利用，造成极大的资源浪费现象，在今后，要高度重视对被撤并或退出公益性序列管理科研机构的科研资源尤其是人才资源的处置。

退出公益性管理的科研机构主要有两类，一类继续开展相关研究，另一类则基本不再从事科研工作。对前者，科技资源管理方面无须大的调整，只

是研究机构所属性质进行了变更。而对于后者，则需要统筹管理，防止宝贵科技资源的流失，对其资产和人员应采取更加审慎的处理方式。

（一）机构处置

福建省地方部门属研究与开发机构数量在全国处于中游（表7-1），科研力量本身就不够厚实。

表7-1　全国各地区地方部门属研究与开发机构

排名	地区	机构数	排名	地区	机构数
1	山东	178	8	云南	104
2	广东	158	9	河南	103
3	山西	153	10	江苏	101
4	黑龙江	134	11	吉林	97
5	四川	127	11	新疆	97
6	江西	110	12	甘肃	94
6	广西	110	13	福建	92
7	湖南	109			

备注：数据来源于《2019年中国科技统计年鉴》

科技体制改革以来，一大批科研机构被转制或撤并，退出了公益性机构管理序列，被撤并的科研机构姑且不论，在转制的科研机构中，虽然有一部分得到了一定程度的发展，但不可否认的是，也有相当一部分的创新能力大幅度萎缩。以三明市真菌研究所为例，该所创建于1962年，是国内成立最早的真菌专业研究机构之一，在全国同行业中的地位一度举足轻重，曾在三明市主持过全国性的食用菌专业学术研讨会议。改制后，历经多次调整，目前该所已基本失去食用菌育种等创新研究能力，只能从事一些菌种生产与销售工作，科研人员尤其是高层次科技人员已流失殆尽。

科研机构是科技创新的重要载体和基础，没有研究机构，科技创新就成为无源之水、无本之木。同理，没有高水平的科研机构，就不可能有高水平的科技创新。科研机构是国家的宝贵财富，其人才与技术的积累都需要长期的积淀。因此，对撤并或退出公益性管理的科研机构的处置应比一般的事业单位甚至行政部门更加慎重，更应注重统筹安排。

对拟撤并或退出公益性管理序列的科研机构，可以分几种类型进行处置。

1. 整建制划转

福建省37家公益类科研机构，仅占全省事业单位的极小一部分比例，但其在经济社会发展中的作用十分重要。

对因各种原因确实无法发展而不得不退出（撤并或改制）的公益类科研机构，应该合理处置，尽可能保留其机构编制和人员编制数，划转给其他急需增加编制的高新技术研究机构。

对有一定研究基础和条件，且有研究特色、符合全省经济社会发展需要的科研机构，因其上级机构的改革而需要撤并的，应设法保留，将其整建制转给其他需要的部门管理，仍作为公益类科研机构管理，而不应转为一般性服务性事业单位。如福建省蘑菇菌种研究推广站整建制划转到福建省农业科学院，整合成立食用菌研究所，就是一个较为成功的案例。

2. 借壳重生

在有关部门对编制管理日趋严格规范的情况下，科研机构撤并易而新建难。鉴于此，对确无科研能力、无发展前景，或不适应经济社会需要的科研机构，可以充分利用其机构及人员的编制资源，按照经济社会发展的新需要，调整研究方向和重点，组建新的公益类科研机构，尽可能使现有的公益类科研机构的规模只增不减。

3. 省地（企）合作共建

对一些地处福州、厦门或泉州市之外，难以吸引和留住人才，影响发展后劲、但对所在地经济社会发展有积极作用的研究机构，支持、鼓励以所在地为主体，依托省属科研机构通过院（所）与地市（企业）共建等方式，设立分支机构或与当地科研院所合作设立创新载体，尽可能使已有的科研机构得到发展壮大。如近年来福建省农业科学院正与设区市政府合作，以设区市农科所为主体，共建福建省农业科学院南平分院、莆田分院等区域分院，就是一种值得探索的方式。

(二) 人员分流

习近平总书记指出,人才是最宝贵的资源。对撤并科研机构的人才,尤其是其中的中高级科技人员,应尽可能给予妥善合理的安置,充分发挥其作用。

1. 适岗安置

对于省属科研机构中的中高级科技人员,在充分尊重个人意愿的前提下,结合个人的优势和专业特长,设法转岗至专业相近的科研机构,尽可能将其安排到合适的科研岗位,做到人岗相适,使每个人的科技特长得到发挥。可采取双向选择的方式,让机构和人员各取所需。一般性工勤人员、科辅人员,在双向选择之外,应由该机构所属行政行业主管部门统一安置,以稳步推进机构调整。

2. 保障待遇

事业单位改革的目的是促进发展,发展的关键是留住人才。因此,无论采取何种方式方法,都必须使事业单位留有一定数量的人才,而且使这些人才享有相应的待遇。对以公益服务为主的科研机构,在定岗定编、留优汰劣后,其人员待遇应该不低于行政部门。这个理念不应仅留在文件中,而应该体现在具体的落实措施中。

3. 注重整合

多年来科研机构改革的实践表明,除少数特殊行业或垄断行业所设立的科研机构外,多数科研机构一旦划入差额拨款或自收自支的单位,很多优秀人才和先进设备等资源就会散失。因为一个单位真正能创收的只是为数不多的成果和关键少数的人才,在现有事业单位管理体制下,这些成果的所有者或者有创收能力的人才很难真正做到贡献和待遇完全挂钩,在趋利原则下,要么是有创收能力的人才独立创业,要么是有创新水平的人才调到待遇更好的单位。人才一旦流失,科研机构自然难以发展,其中一些必然会解体。对这些科研机构的改革应有预案,注意将人才、设备等资源的处置与人员分流进行统筹安排,尤其要注意引导优秀人才、珍贵资源的重新整合,努力做到既保护宝贵的科技资源，又能实现平稳改革。

（三）资产处置

科研机构的资产主要分为固定资产等有形资产和知识产权等无形资产两部分。在撤并或退出的公益类科研机构管理中，这两种资产的处置都应给予重视。

1. 有形资产的处置

《福建省推进省属开发型科研机构实行企业化转制实施意见》（闽政办〔2000〕91号）规定，"科研机构转制时，原则上其全部国有资产（包括土地使用权）转作企业资产"。2002年8月，《关于深化省属科研机构管理体制改革若干意见的通知》（闽政办〔2002〕116号）规定，对转制省属科研机构的资产可以剥离或核销，不作为转制国有资产。主要包括：①闲置资产调剂中，经批准无偿调拨出去的资产（有偿转让部分的转让收益计入企业资产）；②出售给职工的住房；③用于鼓励、奖励科技人员的政策性资金；④核实为报损、报废的资产；⑤列入财政补助结存和拨入专款结有中尚未支付用于人员方面的经费（如政府特殊津贴、院士津贴、副食补贴、博士后经费等）；⑥科研机构用于社会公益性或技术认证、质量监督等非生产性设施、设备；⑦转制省属科研机构原行政划拨土地使用权处置的具体办法另定。

可以说，在科研机构的转制中，有关部门对有形资产的处置较为关注，相关措施也较为具体。目前对撤并科研机构的有形资产，除按照上述国有资产管理的规定进行处理外，还应加强对仪器设施设备、科研档案、种质资源等固定资产的处置与管理，对其中可以继续使用的部分应登记造册，办理相关资产移交手续后，由科技主管部门统筹安排，尽可能分门别类转交给有需要的科研机构或高等院校使用，防止资源的散失，以发挥其最大作用。

2. 无形资产的处置

相对于固定资产等有形资产的管理，当前对转制或撤并科研机构无形资产的处置还存在缺失环节。即使对转制科研机构，闽政办〔2000〕91号和闽政办〔2002〕116号两份文件都是针对有形资产制定的，但对撤并科研机构的无形资产处置,目前尚没有明确的规定。实际上,对科研机构来说,长期科研积累形成的知识产权等无形资产有时比有形资产更为重要。

近年来,福建省制定的有关无形资产处置政策,如鼓励科研成果入股等规定,主要还是针对科研人员个人创新创业的,而对拟撤并科研机构的科研成果、知识产权等无形资产的处置,在整体上则基本没有涉及,目前主要通过单位与个人签订协议的方式处理,既没有硬性的约束性规定,也缺乏统一的标准和尺度,容易造成产权纠纷。因此,要进一步完善撤并科研机构无形资产的处置办法,做好科技成果等知识产权的确权工作,尤其要明确撤并机构中单位和个人成果的使用与收益分配,依法依规与成果所有者订立使用协议。

参考文献

[1] 池敏青,翁志辉,李晗林. 省级公益类科研院所科技生产力评估与发展思考[J]. 科学管理研究,2017,35(3):45-49.

[2] 戚涌,李千目. 科学研究绩效评价的理论与方法[M]. 北京:科学出版社,2009.

[3] 中共中央办公厅,国务院办公厅. 关于深化项目评审、人才评价、机构评估改革的意见[EB/OL]. http://www.gov.cn/zhengce/2018-07/03. (2018-7-3)

[4] 周文泳,尤建新,郑海鳌. 政府投入科技项目绩效评价理论与方法[M]. 北京:化学工业出版社,2009.

[5] 姜丽华. 农业科研机构科技创新能力评价的理论与方法研究[D]. 北京:中国农业大学,2014.

[6] 中共中央、国务院关于分类推进事业单位改革的指导意见[EB/OL]. 新华网. 2020-4-16.

[7] 商城县人事局. 以科学发展观为统领,积极探索事业单位分类改革的有效途径[EB/OL]. 商城县政府政务公开网. 2009-9-17.

[8] 广东省编办副巡视员:事业单位分类应当因地制宜[J]. 新华网. 2010-07-12.

[9] 陶加煜,汤广全. 分类推进事业单位改革问题的思考与建议[J]. 江西化工,2011(12):119-121.

［10］易丽丽.我国事业单位改革的困境与建议［J］.行政管理改革,2011（2）：68-71.

［11］马进.分类推进事业单位改革的顶层设计［J］.公共行政与人力资源,2011（4）：10-13.

第八章 加强省属公益类科研机构建设

公益类科研机构,是国家科技创新体系的重要组成部分,在促进经济社会发展中发挥了重要作用。福建省属公益类科研机构数量不多,整体实力不强,需要进一步加快建设。

本章从推进新型组织模式的公益类科研机构建设和保护利用好现有公益类科研机构两个方面,研究提出加强省属公益类科研院所机构建设的对策建议。

多年来,福建省属公益类科研机构认真履行职责,积极向社会提供技术推广、技术指导、咨询等公共服务,有力推动了社会科学技术水平的进步。但全省现有37家省属公益类科研机构间存在较大差距,有少数科研机构或缺乏人才,或多年没有成果,或缺乏创新能力,已不能发挥在本领域中科技创新的支撑与引领作用,难以履行科研机构应有的职责。针对这些问题,应加强省属公益类科研机构自身的建设,促进全省科技创新体系的持续健康发展。

一、探索建设新型组织模式的公益类科研机构

福建省属公益类科研机构的结构不尽合理,农业类比重偏高,已滞后于经济发展的需要,且研发机构整体创新水平不高。鉴于此,2016年,省政府出台了《关于鼓励社会资本建设和发展新型研发机构若干措施的通知》(闽政办〔2016〕145号),加快推进新型研发机构建设,以集聚高端创新资源,

吸引高水平创新团队，加速产业关键技术研发与科技成果转化，支撑和引领产业转型升级。

但几年来的实践表明，除了海西研究院等少数新型研发机构得到较好发展外，多数新型研发机构的发展并不如预期。主要表现为：充分运用社会资源，尤其是国家大院大所的资源，共建新型研发机构数量不多；充分运用市场机制，推行现代科研院所管理制度，实施市场化的薪酬机制，以高薪酬吸引高端人才力度不足；政策支持强度不够，投入经费难以吸引高水平人才，也难以推进新型研发机构的持续发展；全省统筹协调不够，以自主申报为主，围绕全省经济社会发展尤其是重点产业发展亟待解决的问题，以及全省科技创新的短板，在全省层面有目标地主动寻找国家和社会资源对接不够。

新时期，为适应科技创新与产业竞争的需要，福建需要进一步借鉴国内外尤其是中央有关科研机构建设的先进经验，积极探索新的组织模式，加快新型研发机构建设，从中择优支持建设高水平公益类科研机构，以集聚高端创新资源，吸引高水平创新团队，加速产业关键技术研发与科技成果转化，支撑和引领产业转型升级。

（一）借船出海，充分运用社会资源

实现经济转型升级，关键是要依靠科技创新的不断突破，需要先进科技更加有力的支撑和引领，但相对于发达省份，福建创新资源缺乏是一大短板。为此，要借鉴先进省市的经验，多借助国内外高价值科技资源尤其是中央部门所属科研机构的资源，加快发展新型研发机构，尽快弥补全省公益类科研机构创新资源的不足。

1. 充分借助国家科技资源

国家级科教机构是我国科技创新的骨干和龙头，人才力量雄厚，科研仪器等平台资源先进，充分利用国家级科研机构的有关资源，推进福建新型研发机构建设，可以收到事半功倍的成效。在这方面，广东省的做法可资借鉴。早在1996年，深圳市政府就和清华大学合作，建立深圳清华大学研究院，开创了与国家队合建研发机构的先河。2006年，广州市政府、深圳市政府先后与中国科学院签署市院战略合作协议，成立中国科学院广州工业技术研究院和中国科学院深圳先进技术研究院。此后，广东省新型研发机构蓬勃发展。截至2017年，全省经科技厅认定的新型研发机构180家，数量超过全省科研机构的1/3[1]。

在福建省，为推进新型研发机构建设，2016年，省政府办公厅出台《关于鼓励社会资本建设和发展新型研发机构若干措施的通知》（闽政办〔2016〕145号），鼓励社会力量办新型研发机构，从几年来的实践看，主要还是本省的企业、社会资本创办研发机构，借助国家部委的资源创办新型研发机构还有很大的发展空间。

2. 充分利用社会科技资源

国家级科教机构数量毕竟有限，因此，在推进新型研发机构建设中，应进一步拓宽视野，通过建立多元化的投资机制，充分借用社会各界的优质科技资源就显得十分必要。近年来，福建立足全省产业发展需要，广泛吸引省内外科教机构、企业等社会科技资源，优势互补，共建新型研发机构。闽政办〔2016〕145号文鼓励企业、高等院校、科研院所、产学研用创新联盟、行业协会、商会和投资机构等以产学研合作形式，在闽创办具有独立法人资格的新型研发机构。这种产学研合作，是借助社会科技资源促进新型研发机构建设的有效方式。

新型研发机构要将研发创新立足点放在产业优化升级上，紧紧围绕地方产业发展需求，通过产学研结合，建立产业链与创新链高度融合的新型科技创新机构，促进成果产业化与产业反哺研发的良性互动，缩短技术研发到产业化的时间，使科研机构从成立之初就较好地解决经济与科技"两张皮"问题。但这项工作目前进展还不明显，今后福建省在这方面的工作力度还应进一步加大。

3. 积极引进境外高水平科技资源

闽政办〔2016〕145号文鼓励各级政府与国外知名院校和大型企业在闽共建新型研发机构。福建地处沿海开放地区，海外侨胞众多，对外对台科技交流密切，要充分发挥这一有利条件，借船出海，多吸引境外包括台湾省有关机构和企业的科技资源，与省内的科教机构、企业合作，共建各类新型研发机构，使科研机构能及时跟踪国际前沿研究，提高全省创新能力与水平。

（二）市场机制，激励和吸引人才

新型研发机构的生命力和活力，就在于其与市场更加紧密的联系。这种联系，既包含创新重点与产业化的紧密联系，也包含机构管理机制的市场化。新型研发机构应尽可能建立和完善市场化的管理机制，充分释放科技创新活力。

1. 探索现代院所管理模式

要改革传统的行政管理模式，切实推行现代科研院所管理制度，实行理事会领导下的院（所）长负责制，逐步实现"投管分离"。推行课题制、首席专家制等扁平化管理，采用创新链和产业链紧密结合的研发模式，使同步研发、逆向创新、交叉融合开发等新型创新理念贯穿整个创新管理始终，最大限度地去行政化，给科技人员更多的时间、更大的空间去自由探索。

2. 建立灵活的人员编制管理模式

目前，福建省新型科研机构分为企业类、民办非企业类和事业类三种类型，在我国现行的行政管理体制下，相对稳定的事业编制对科技人员还是有较强的吸引力。因此，对与国家级科教机构合建的高层次、高水平新型科研机构，应多采用事业类管理，以更好地吸引和留住人才。一方面，对一些重点新型研发机构，要给予一定事业编制。中国科学院、中国农业科学院与广东合建的新型研发机构，同时取得了中编办和广东省（或深圳市）给予的事业编制。福建可以将部分事关社会经济发展关键领域的新型科研机构核定为公益二类甚至公益一类事业单位，以吸引和稳住人才。另一方面，要探索不定编、不定人的"事业单位"编制管理模式，以人员聘用制为主要管理方式，将事业编制统筹使用、灵活安排，不具体对应到个人，打破终身制，真正能实现人员的能进能出。

3. 完善市场化的薪酬机制

改革薪酬机制说易行难。目前，福建省多数科研机构实行的绩效工资制，并没有充分体现贡献与收入挂钩，同职同级科技人员间的待遇差距很小，绩效总量对真正高水平人才也缺乏吸引力。新型研发机构必须彻底打破事业单位的职务职级管理为主的薪酬模式，打破传统研发机构固有的"铁饭碗"薪酬制度，以高薪酬吸引高端人才，充分调动科研人员研发的积极性。要改变现有定岗定酬的薪酬计算方式，不按职务职称定酬，对在不同岗位的同一职级人员，可以给予不同的薪酬，其间的差距不设限制。

（三）政策支持，保障机构持续发展

为推进新型科研机构建设，福建省人民政府办公厅制定了《关于鼓励社会资本建设和发展新型研发机构若干措施》，明确了新型研发机构的申请条件、支持措施及其监督管理，使新型研发机构得到快速发展。2016—2019年，全省已认定4批102家新型研发机构。但总体来说，全省在推动新型研发机构建设方面的成效还远不如预期，说明相关政策措施还需要进一步创新。

1. 加大力度主动对接

根据福建省《关于鼓励社会资本建设和发展新型研发机构若干措施》的要求，全省新型研发机构主要在现有发展基础上申请建设，而在新建研发机构方面的支持政策还有待改进。如文件规定，新型研发机构要求必须具备进行研究、开发和试验所需要的仪器、装备和固定场地等基础设施，办公和科研场所不少于150平方米，用于研究开发的仪器设备原值不低于150万元。条件虽然不高，但这种立足于申请的审批管理模式，与广东、深圳等地的主动对接、创造条件推进新型研发机构建设的理念相比，多数只是在原有基础上的改进，很难实现新型研发机构的预期目标。

要根据全省经济社会发展尤其是重点产业发展的亟待解决的问题，以及全省科技创新的短板，有意识有目标地列出建设计划，分步骤有重点地主动出击，积极寻找国家和社会资源对接，支持鼓励有条件的设区市政府与中科院、985高校等国家级科教机构加强战略合作，建设对支撑和引领产业转型升级具有重大意义的高水平新型研发机构。对这类研发机构，要打破固有思维，不限现有基础，有针对性地、创造性地提供优惠政策和条件，支持其落地、发展、壮大。此外，对海西研究院等已有较好发展基础的研发机构，要针对存在的问题，研究相应的扶持政策，加快其发展步伐。

2. 切实保障资金投入

《关于鼓励社会资本建设和发展新型研发机构若干措施》对新型研发机构在申报项目、建设用地、人才引进、财政支持、成果转化等方面都明确了支持政策，不少政策的扶持力度相当大。如省和设区市财政对发展效益较好的研发机构，按近5年非财政资金购入科研仪器、设备和软件购置经费25%的比例，一次性给予最高1000万元的后补助。

但在科研机构的建设发展中，现有一个长期困扰的问题是基础设施投入不足，省财政没有稳定的基础设施支持渠道，科技项目经费中也很少有基础设施建设投入，即使有这方面的经费支持，也只相当于对课题组的支持而非对科研机构的支持。由于经费多局限在人才引进、仪器设备、科技项目上，对研发机构在基础设施建设等方面缺乏稳定的经费支持，导致新机构的持续发展受到较大限制。

鉴于此，要改善经费支持的结构，设立稳定的专项经费，持续支持研发机构的基础设施建设，使一些重点的新型研发机构得到持续建设与发展。在这方面，广东省的做法值得借鉴，该省科技厅设立了每年1.5亿元的专项资金，对于创办不超过5年（以注册时间为准）的新型研发机构，择优给予一次性500万元的建设经费支持[1]。

3. 强化新型研发机构的考核

闽政办〔2016〕145号文规定，新型研发机构应每年向省级科技行政部门报告机构发展、科技创新活动和科技成果转化等情况。省级科技行政部门每三年对新型研发机构进行一次绩效测评，主要评估人才集聚、创新产出、技术辐射、成果转化效益以及自主发展能力等情况。测评不合格的，取消"省级新型研发机构"资格，不再享受相应政策扶持。目前，对申请建设较为规范，对考核测评还在探索之中，还没有制定完整的考核标准。应加快完善考评机制，尽快建立新型研发机构考核评价指标体系，加强跟踪问效，不定期抽查，及时掌握其科研方向和科研力量等动态情况，定期了解其阶段性成果，推动形成新型研发机构良性发展的工作机制，避免再次走上现有少数公益类科研机构既无压力也无动力，最终因不适应经济社会发展需要，无法有效履行创新与服务的职能，从而面临淘汰的老路。

与此同时，对创新成果多，综合业绩突出的新型研发机构，经考核后，可从中择优纳入公益类科研机构，或者给予省属公益类科研机构的稳定支持政策，以激励新型研发机构的发展壮大。

二、加强现有省属公益类科研机构的保护和利用

福建省属公益类科研机构不多，高水平的科研机构更少。在数十年的科技体制改革中，省属公益类科研机构数量持续萎缩，与不断壮大的高校改革形成了鲜明的对比。要实现科教兴省的目标，就必须高度珍惜现有的公益类科研机构，尽可能充分加以保护和利用，不断促进其发展壮大。

（一）慎重开展公益类科研机构的撤并或转制

对科研机构实行企业化转制，是历年来科技体制改革的重点和主攻方向。这种转制，基本是将有市场创收能力的科研机构定义为非公益类科研机构，实行整体转制进入企业或成为科技型企业。福建省大型企业少，科研机构转制后，多数只能进入中小企业，或者直接转制变为中小企业，只能更多地关注生产行为而非创新行为。从减轻财政负担、推动科技与经济结合的角度，这种改制在短期内可以取得一定成效，但从长远发展来看，对科技创新更多的是消极影响，科技人才的流失、科技资源的散失将成为必然，难以达到科研与生产双双促进的目标，总体上应是弊大于利。

科研机构是科技创新必不可少的基础。在我国企业的整体竞争力偏弱，核心技术多数受制于人的情况下，科研机构不论转制或撤并，都应以发展壮大科研力量为根本目的。必须调整地方政府以减轻财政压力为目标的改革行为，使科技体制改革真正促进研究机构的发展壮大，而非相反。在持续多年

的科技体制改革中，公益类科研机构数量不断缩减，今后，要加倍珍惜现有的公益类科研机构，对科研机构的转制要慎重，对科研机构的撤并更应慎重。

（二）注重对撤并科研机构的整合重组

要珍惜科研机构的各类科技资源。对确需撤并的科研机构，要对其机构和人员的编制进行充分利用，既可以参照企业借壳上市的做法，将其编制整体转给新的公益类科研机构或其他新型研发机构所用；也可以按照福建省蘑菇菌种研究推广站的方式使之与研究领域相近或相关的科研机构进行整合重组，尽可能整体转设为新的适应经济社会发展需要的研究机构，在稳定人才、保存科技资源的同时，使其得以发挥新的作用。三明市真菌研究所被转制为企业后，虽同属一地，但食用菌研究能力相对偏弱的三明市农业科学研究院却得到财政的大力支持，重新组合人马、搭建平台，开展食用菌相关研究，实际上造成新的资源浪费。

（三）充分挖掘转制机构的各类科技资源

科研机构的科技资源，既包括土地、房产、仪器设备等固定资产，也包括人才、种质资源、实验材料、科技资料，以及其他知识产权资源。

长期以来，在政府的大力支持下，福建省属公益类科研机构开展科技创新的物质技术基础不断夯实，装备了大批先进的大型设备装置等重要战略资源，积累了丰富的有形和无形资产，尤其是科技资料、种质资源、人才资源等，是一笔宝贵的财富。而在此前的科技体制改革中，一些科研机构撤销后，其科技资源并没有得到有效利用，造成很大的资源浪费。

在科研机构的转制式改革中，企业和管理部门更关注的是固定资产，多数情况下会忽视其余资产尤其是知识产权。实际上，种质资源、实验材料、科技资料等知识产权，都需要长期的积累，对科研机构的发展和科技创新工作来说，这些资源更为关键。在今后，要高度重视对转制等退出公益性序列管理科研机构的科研资源尤其是人才资源的处置。应建立规范、完善的制度，对转制研究机构进行持续扶持，充分挖掘利用其科技资源，作为公益类科研机构的有力补充。对少数不得不撤并的研究机构，要充分利用其科技资源，合理使用其机构和人员的编制，通过整合重组，或使用这些编制组建新的公益类科研机构等途径，稳定科技人才、保存科技资源，使其得以发挥新的作用。以三明市真菌研究所为例，其原有的科技资源还基本保留，保有食用菌常有优良菌珠150多个，母种1 000多份，食用菌野生标2 000多份，中外食用菌书籍13 500多册，目前由于缺乏支持，大多没有得到有效利用。

参考文献

[1] 广东省新型研发机构发展情况与启示［EB/OL］. 河南省科学技术厅网站. http：//zlx. hnkjt. gov. cn/2017/07/27/1501148784345. html.（2017-7-27）

第九章 完善省属公益类科研机构建设机制的若干建议

公益类科研机构的组建与退出,都是在现有基础上对全省科技创新体系的调整。因此,对科研机构进行考核评估,加强对科研机构的过程监管,准确掌握全省公益类科研机构的现状,是设立或撤并(含转制等)公益类科研机构必要的基础。

本章在前文研究的基础上,归纳提出了通过考核评估加强对省属公益类科研机构监管的思路,重点探讨公益类科研机构的评估指标、考核办法,以及考核结果的应用。

从前文分析可知,福建省属公益类科研机构的发展还存在一些问题,机构在组建与退出的审批管理中也存在需要改进之处。这些问题,既影响到全省科技创新体系的建设,也会影响全省事业单位治理体系与治理能力的现代化。针对现有的省属科研机构考核"宽、松、软"问题,应进一步完善省属公益类科研机构的建设与管理机制,促进公益类科研机构的持续健康发展。

一、规范省属公益类科研院所机构组建的审批机制

科研机构的建设需要投入大量的人、财、物力,科研机构建设过程出现的任何反复,都容易造成国家宝贵科技资源的浪费。针对福建省属公益类科研机构建设过程中存在的问题,应加快规范和完善相关审批管理机制,使科研机构的建设避免过多的主观人为因素,增加科研机构建设的长远谋划。

（一） 规范组建公益类科研机构的申请条件

省属公益类科研机构的组建，既是事业单位改革的一件大事，也是全省科技创新体系建设的一项重要工作，要从申请这一源头上就予以规范。申请组建科研机构，应该包括以下3个方面的内容。

1. 要有明晰的公益职责

设立新的研究机构，首先必须有重点明确的职责、方向明确的研究领域，要切合经济社会发展需要，能够支撑引领经济社会发展的作用；切合国内外科技创新的需要，注重创新性、长远性，具备引领本行业创新发展方向的能力；切合创新体系合理布局需要，按照产业发展与科技创新布局，确定创新重点与方向，并与现有的研机构之间不发生或少发生交叉重复，在全省形成精干高效的科技创新体系；切合政府宏观政策需要，符合行业发展政策，能得到国家的政策支持。

2. 要有良好的基础条件

建设一个新的公益类科研机构，必须要有良好的科研条件。这些条件包括：①必要的机构与人员编制，省编制管理部门要根据科研机构创新与服务的职责，为公益类科研机构设定合理的人员编制；②结构合理的人才队伍，科研机构必须有一定的人才支撑，除必要的高层次人才、领军人才、学科带头人，除高层次人才外，还要有合理的人才梯队；③基本满足需要的科研仪器设备，除可通过社会化服务提供和科教机构间的共享外，科研机构必须要具备必要的高、中、低端配套的研究设备，同时还必须具备根据创新需要，不断添置、更新设施设备的能力；④稳定的公共财政支持，公益类科研机构公共财政预算应该得到充分的保障，且有稳定的渠道和增长机制；⑤适当的地理位置，便于科技人员配套解决亲属子女就业和就学问题。

3. 完善的管理体制

适应现代科研院所发展需要的管理体制，是科研机构持续稳定和健康发展的必要保障。新设立的公益类科研机构，在建立之初，就要尽可能按照现代科研院所的要求，来建立和规范管理制度，完善院所法人治理结构，推进党的领导与法人治理的统一，不断提升院所管理的水平和效率，以免再现当前事业单位管理中的一些弊端，导致问题积重难返。

（二）规范公益类科研机构的组建程序

在国家对机构管理日趋规范的宏观背景下，各级政府对事业单位在编制等方面的管理更为严格，应进一步规范公益类科研机构组建的审批程序。

1. 建立第三方论证审查机制

针对目前科研机构组建过程中存在的行政性过于突出的问题，要建立独立于科技管理部门和行业主管部门之外的第三方审查机制，充分发挥专家的专业作用，组织相应的专家对申请组建科研机构的可研报告进行认真负责的审查和充分、科学的论证，以打破部门藩篱，尊重科学规律，破除主观意识，真正用科学的理念论证科研机构的组建。专家组既要包含有相关研究领域的专家，也要包含有科技管理方面的专家。通过强化专家论证，增强研究机构建设的科学性，弱化科研机构的行业主管部门在其中的主导作用，避免科研机构组建过程中的过度行政化问题。此外，要注重加强第三方和有关专家的诚信建设，完善相应的监督管理机制，确保第三方评审与专家论证客观、公正。

2. 完善设立公益类科研机构的审批程序

对新设立科研机构的审批，要合理设定科技主管部门与编制主管部门的职责。要强化科技主管部门对设立科研机构的审查职责，科技主管部门要按照《福建省科学技术进步条例》的要求，对全省科研机构尤其是公益类科研机构的职能进行合理设置与分工，会同行业主管部门共同确定公益类科研机构的机构职能、研究方向与重点，实现全省科技资源的合理调配和优化组合。要规范编制部门的编制审定工作，根据编制管理和事业单位管理的有关规定，严格按照职能需要确定科研机构的编制，同时要为机构的发展预留必要的编制空间，为人才引进提供条件。

二、规范省属公益类科研院所机构退出的审批机制

尽管对公益类科研机构要尽可能予以保护,但鉴于福建少数省属公益类科研机构科技产出少,编制与人才不足,已失去应有的科研能力,且连续多年综合考评落后,基本失去作为公益类科研机构的存在价值,对这些低效的研究机构,应建立起完善的退出机制,规范审批程序和标准,将其逐步退出公益类科研机构序列。

(一)严格设定公益类科研机构的退出条件

公益类科研机构的退出,是一项十分慎重和严肃的工作,应该有着迫不得已的原因和严格的条件限制。这些条件应包括:

1. 公益性职能的消失

失去产业需求,科研机构原本所服务的产业大幅度萎缩或消失,机构随之失去公益服务的职能。一旦失去为经济社会发展开展公益服务的职能,科研机构能够得到的相应政策支持必将随之减少甚至取消,其退出公益类科研机构将成为必然。

2. 发展与服务能力严重不足

科研机构开展创新与服务,需要相应的人才支撑,对人员编制严重不足、高层次人才缺乏、已明显不能满足创新与服务需要的省属公益类科研机构,就应考虑实施退出机制。此外,对于一些多年没有科技产出或投入产出严重不成比例,已基本没有存在价值的科研机构,也应考虑将其逐步退出公益类科研机构序列。

3. 综合考评持续落后

公益类科研机构在创新基础、创新成果、创新效益和发展前景等方面综合绩效考评,纵向发展退步,横向比较落后,连续多年位于被考核全省科研

机构末位的,应考虑将其列入退出公益类管理的行列。如不愿意主动申请退出的,由科技主管部门根据考评结果,着手启动强行退出机制。

(二) 严格规范公益类科研机构的退出程序

由于福建省公益类科研机构的整体数量有限,对不合格公益类科研机构的退出,要设定较为严谨的审批程序。

1. 主动退出公益类科研机构序列的审批

主动申请退出省属公益类科研机构序列的科研机构,其审批程序可相对简化。首先,主管单位提出申请,阐明撤销机构的详细理由。其次,科技主管部门委托第三方对申请进行审查,独立出具审查结论。通过第三方机构审查后,由科技主管部门进行机构撤销的行政审批,再由编制部门审核机构编制的变动情况,撤销机构。

2. 被动退出公益类科研机构序列的审批

对需要强制退出的科研机构,应先由科技主管部门组织第三方考评。第三方考评结束后,对确需强行退出的公益类科研机构,由科技主管部门根据考评结果,协调财政、效能等部门进行审核,提出处理意见。此后,转由编制管理部门审批,按程序对公益类科研机构进行撤销。

三、加强对公益类科研机构的考核与过程监管

福建省现有37家公益类科研机构间的科技创新基础、创新水平和创新绩效存在较大差距,少数公益类科研机构自身发展严重落后,科技产出不足、履职能力不足、创新人才不足、综合实力不足,已难以满足经济社会发展的需要。这一现象绝非一朝一夕之事,而是一个渐变的过程,缺少对科研机构科技创新与科技服务工作的日常监管是一个重要因素。因此,应注重加强对科研机构的过程管理,针对经济社会发展需要和科研机构自身的不足,

适时对省属公益类科研机构的研究方向与重点进行调整,在大稳定的前提下,逐步调整资源配置,从量变到质变,促使其不断跟上时代发展的步伐,从而避免被撤并的命运。

(一) 正视公益类科研机构考核中的问题

科研机构普遍缺乏压力,是导致少数科研机构科研能力与水平不断下降的一个重要的外在因素。在现行的考核管理体制下,各级政府对科研机构的考核管理相对弱化,省属公益类科研机构的绩效考核基本是在系统内部进行,由其主管部门组织开展考核,考核"宽、松、软"。这种考核自己定指标,内部组织考核,考核结果既缺乏约束力,也缺乏激励作用,实际意义不大。对省属公益类科研机构开展更权威有效的绩效考核,既是落实财政绩效考核的需要,也是推动科研机构更好地服务经济社会发展的需要。

一是完善事业单位治理体系的需要。省属公益类科研机构,是福建省科技创新的生力军,同时也是省属事业单位的重要组成部分。加强对省属公益类科研机构的绩效考核,是加强科研机构管理,完善事业单位治理体系,推动公益类科研机构更好地服务经济社会发展的有效手段。

二是加强财政资金绩效管理的需要。对公益类科研机构,国家每年投入大量财政资金。2018 年,福建省对 37 家省属公益类科研机构累计投入政府资金 87 089 万元,平均每家机构 2 300 多万元,人均 30 多万元。加强对这些科研机构的绩效考核,促使其合理、高效运行,用好公共财政投入,更好地履行自身的职责,十分必要。

三是促进科研机构稳定发展的需要。福建现有 37 家省属公益类科研机构间存在较大差距,多数科研机构在经济社会发展中发挥了积极的支撑引领作用,但也有少数科研机构或多年没有成果,或缺乏创新能力,已难以履行科研机构应有的职责。对公益类科研机构开展更有效的绩效考核,使考核发挥更大的激励和鞭策作用,可以推动科研机构健康发展,更好地服务经济社会发展。

（二）制定公益类科研机构考评办法

1. 制定公益类科研机构考评办法或指导意见

《福建省科学技术进步条例》规定："各级科学技术行政部门应会同有关部门对各类研究开发机构组织定期考评，择优支持。具体考评办法由省科学技术行政部门制定"。闽科政〔2008〕39号《关于加大对公益类科研机构稳定支持的若干意见》规定，要"建立科研机构创新绩效评价机制"，"探索建立科研机构创新绩效评价制度"，鉴于目前福建省还没有制定具体的考评办法或指导意见，在全省强化财政绩效考核的情况下，应尽快落实上述两份文件精神，从省级层面制定出台省属公益类科研机构指导意见或考评办法，规范省属公益类科研机构的考评，使省属公益类科研机构的考评有章可循。

2. 合理制定公益类科研机构分类考核指标

福建省省属公益类科研机构具有多样性，既有自然科学研究，也有社会科学研究；既有基础理论研究，也有实用技术研究；既有以科技创新为主，也有以科技服务为主。要按照中办、国办关于科研机构"三评"改革意见，"统筹自然科学和哲学社会科学等不同学科门类，推进分类评价制度建设，发挥好评价指挥棒和风向标作用"，针对省属公益类科研机构的不同情况，分类建立相应的评价指标，客观、真实、准确反映不同科研机构的实际状况。

（三）调整公益类科研机构绩效考核方式

1. 将省属公益类科研机构纳入政府目标考核

针对省属公益类科研机构由于没有纳入省政府的目标任务考核，绩效考核存在的"宽、松、软"问题，加强对科研机构的过程管理，加快调整现有系统内部组织考核的形式，适时对机构开展政府层面的统一考评，将科研机构统一纳入省直单位绩效考核体系，由省效能管理部门会同科技主管部门对其进行统一考核，使内部的考核变成外部的监督，使省属公益类科研机构的考核更加规范、有序，增加考核结果的刚性约束，既有激励，也有压力，奖优罚劣，真正使科研机构的绩效考核发挥出激励和鞭策作用，不断推动省属公益类科研机构及时跟上时代发展的步伐，促使其真正发挥出支撑引领经济社会发展的作用。例如，江西、湖北、广东、安徽等全国不少省份已将该省农业科学院所属的公益类科研机构全部纳入省政府绩效考核体系中。

2. 调整省属公益类科研机构考核方式

鉴于科研机构的特殊性与科研项目的长期性，对科研机构的绩效考核可以实行年度考评与中长期考评结合的方式，更加注重中长期绩效。年度考核以省效能管理部门会同科研机构的上级行业主管部门为主进行，科技部门备案；中长期考评（3~5年）则由省效能管理部门会同科技主管部门，对照科研机构的职能和目标任务进行全面考评。

（四）及时调整公益类科研机构的研究重点

科研机构成立之初，基本是按照产业发展需要设置的，在成立之后的一段时期内，其对经济社会的发展也会起到积极的推动作用。经过一段时期后，一些科研机构不适应经济社会发展需要，因而被撤并或重组，有着基本相似的原因。

从多年的改革实践来看，这些被撤并的科研机构，除因上级行业管理部门改革而同步撤并外，大多数是因为科研墨守成规，没有根据经济社会发展需要及时调整研究方向，开展新领域的研究，导致支撑产业结构调整和服务社会经济发展的能力严重滞后，从量变到质变，不得不面临被撤并的命运。

有鉴于此，对省属公益类科研机构，要通过考核，及时发现其在科研与服务中的问题。一旦发现不适应经济社会发展需要的苗头，就要在过程管理中及时加以纠正。在大稳定的前提下，逐步调整其资源配置，不断适应市场和经济社会发展的需要。对不适应社会经济发展需要的研究机构，应侧重于研究职能、研究方向和重点的调整，尽可能保留编制，调整研究领域，而非简单的撤并或转制了之。

（五）加强公益类科研机构考核结果的应用

目前，福建省科技管理部门已部分开展了对公益类科研机构评估结果的应用，但结果应用效用不够，仅将其作为专项经费支持的依据。

要使考核达到促进公益类科研机构发展的目的，就要加快落实中办、国办关于科研机构"三评"改革的意见，加强绩效评价结果与科研管理机制的衔接，充分发挥绩效评价的激励约束作用，将绩效评价结果作为科技财政拨款、科技计划项目承担、科技人才推荐、科技创新基地建设、学科专业设置、科研事业单位人事管理与负责人考核评价、绩效工资总量核定等工作的重要依据。对考评成效突出的，给予政策支持；对于考评成效较差的，可以探索实施红黄牌警告机制，第一次（3~5年）实行黄牌警告，第二次（6~10年）可以实施红牌退出机制，使综合评估更充分发挥应有的作用。

四、深化省属公益类科研机构管理体制改革

福建省属公益类科研机构分属16个不同的厅局管理，除编制部门有硬性约束外，科技部门的管理职责相对弱化。管理的分散，导致机构的弱化与管理的虚化。应加强对省属公益类科研机构的统筹管理，深化管理体制改革，推动科技主管部门和行业主管部门间的协调。

（一）完善省科技工作联席会议制度

在科技体制改革的实践中，人事、编制、财政等部门之间政策的不协调是一个长期难以解决的问题。过去20多年来，事业单位改革成效不如预期的一个重要原因是零敲碎打，各自为政，如分配制度、养老制度、职称制度等由人社部门制定，医疗制度改革由卫生部门实施，体制机制改革由编制和

发改部门负责。在缺乏统筹的情况下,科技体制改革很难深入推进,甚至会引起某些混乱,此前的每次改革几乎都会引发一轮提前退休潮、人员流动潮(从科研院所向高校、从事业单位向行政单位流动)。改革是利益的调整,既有事业单位利益的调整,也涉及行政部门审批权力等权益的调整。

2008年,为促进全省科技工作,推进海西岸经济区建设的有效落实,加强各部门的协调配合,福建省建立了全省科技工作联席会议制度,由省科技厅厅长任召集人,省政府分管副秘书长,省委组织部、省委农办、省发改委、经贸委、教育厅、科技厅、财政厅、人事厅等相关部门的分管负责人为成员。这一联席会议机制在当时发挥了一定作用,但随着时间的推移与成员的工作变动,联席会议发挥作用越来越小,科技、编制、财政及科研机构行业主管部门之间的协调难度加大。

就公益类科研机构的组建和撤并来说,充分发挥省科技工作联席会议制度的作用,加强科技、编制、财政及相关科研机构主管部门之间的协调,实现科技、人事、财政统筹,企事业、社会机构一体,对科研机构的组建或撤并机构的妥善处理都十分重要。

(二) 深化新组建科研机构的管理体制改革

事业单位管理是我国深化社会体制改革的重要组成部分,也是完善国家整体治理体系和治理能力的重要一环。科研机构作为一个特殊的事业单位群体,科技管理体制改革是一个利益与结构调整的过程,已有的利益博弈相对复杂,改革难度大。要使科技体制改革尽快取得实效,避免重新走上此前的旧路,对新设立的科研机构,就必须创新管理体制与运行机制,尽可能按照现代科研院所制度进行管理。

要逐步弱化科研机构事业单位属性。行政单位与事业单位本来只是一个概念,其实质是工作职能之别(当前体制下还有工作待遇之别)。之所以事业单位改革矛盾重重,其根本原因是当前的单位分类管理出现了误区:将拿财政工资的人员分为两类,一类为行政单位的公务员,另一类为事业单位的事业人员,除部分高校外,前者的待遇明显高于后者。由此造成的问题是行政单位与事业单位间人员难以流动。以各省的农业厅、农大、农科院为例，在发达国家和地区，这三者间人员的相互流动是推动农科教结合的主要途径与普遍做法，但我国由于工资差距大，以及《中华人民共和国公务员法》等编制管理制度的制约，农业行政、教育和科研部门间人员难以相互流动，"三农"结合也成效不彰。

应当创新科研机构的管理思路，从重单位分类转为重人员分类，逐步弱化直至取消科研机构的事业性质，通过稳定考核与动态管理，加强研究机构之间的良性竞争，从而更好地落实《福建省科学技术进步条例》关于"民营科技企业在申请国家计划科研项目、科技贷款、成果评定、专业技术职务申报评审等，享有与独立研究开发机构的同等待遇"。"各级科学技术行政部门负责民营科技企业的指导、管理和服务工作"。

（三）强化科研机构的全省统筹管理

当前，福建省属公益类科研机构分属16个不同的厅局管理。为提高科研效率，减少重复研究造成科技资源的浪费，应进一步理顺科研机构的主管部门和省科技主管部门的管理体制，厘清科研机构的行业主管部门与科技主管部门的职责，强化科技主管部门在公益类科研机构过程管理中的职责。

一要注重在全省层面强化对组建科研机构的统筹。由科技主管部门围绕国民经济和社会发展需要，站在全省层面，加强对公益类科研机构的结构布局、职能定位的宏观管理和统筹协调，按经济与社会发展需要设置科研机构，同时兼顾整合省、市科研机构的衔接与协调，建立起统一协调、机构精干、结构优化、布局合理、科技力量相对集中的科技体系，实现全省科技资源的合理调配和优化组合。如针对当前全省公益类科研机构中农业领域科研机构比例偏大的现状，要适当予以调整，加大现代工业等领域高新技术研究机构的比例。

二要完善主管部门和科技部门的双重管理体制。目前，科研机构分别由不同的政府主管部门分管。在这种科研管理体制下，省科技管理部门除对自己下辖的研究机构有直接管理权责外，对其余厅局下辖的科研机构只有协调职能，科技主管部门的这种职能只能通过部分的科技项目设置进行调控，对研究机构的绩效评价，尤其是绩效考核结果的应用，并没有太多手段；对项目的成效也缺乏有效的监督管理机制。而科研机构的主管部门除负责对人员和经费使用的管理外，还负责对机构运行成效的考核管理，运动员、裁判员、管理员自成一家，缺乏有效监督。

应进一步理顺科研机构的主管部门和省科技主管部门的管理体制，厘清院所主管部门与科技主管部门的职责，强化科技主管部门在科研机构管理中的职责，相对弱化科研机构主管部门对所属科研机构的科技管理职责，使运动员、裁判员、管理员分开，各司其职。

调研报告

加强省属公益类科研机构建设的若干思考
——基于两家科研机构改革的调研

在 20 世纪 80 年代开始推进的科技体制改革实践中，一批科研机构主动或被动退出了公益类科研机构行列，进入市场。从促进科技与经济结合的角度，改革取得一定成效；但从促进科研机构发展的角度，多数则不如预期。三明市真菌研究所和福建省蘑菇菌种研究推广站两家性质基本相同的科研机构，由于采取了不同的改革途径，取得了完全不同的结果，对比分析这两个机构的改革之路，对加强省属科研机构建设具有积极的借鉴意义。

一、两家科研机构完全不同的改制历程

（一）彻底走向市场的三明市真菌研究所

三明市真菌研究所（以下简称三真所）创建于 1962 年（当时为福建省三明真菌试验站，1969 年由福建省科委下放给三明专区），是国内最早成立的食用菌专业研究机构之一。1984 年被福建省科委选定为全省首批科技体制改革试点单位。试点改革的主要内容是：改革领导体制，实行所长负责制；开展横向技术服务，自行转让技术成果；改革分配制度，建立科技发展基金、集体福利基金、奖励基金（"三金"）；逐年递减事业费，在三年之内（1987 年年底前）做到事业费自立或半自立。改革以"断奶"为手段，迫使

研究所进入市场，以成果转让获取收益来保障研究所的持续发展。但由于农业科技成果主要面向农业和农民这一弱势产业与弱势群体，科技成果转化创收有限，改革后的很长一段时期内，三真所一直难以做到经费自立或半自立。直到1994年，三真所才由财政全额拨款改为差额拨款，勉强达到经费半自立的目标。2000年10月，三真所再次改革，成立国有控股的股份制企业——三明市三真生物科技有限公司（对外保留"三明市真菌研究所"牌子），财政不再拨款，自此，研究所实际上已经退出公益类科研机构序列。2007年5月，国有控股全部退出，三真所成为完全自然人股东的三明市三真生物科技有限公司内设的科研机构。

（二）回归公益性的福建省蘑菇菌种研究推广站

在福建省早期，食用菌专业研究机构有两个较为突出，除三明市真菌研究所外，另一个就是福建省蘑菇菌种研究推广站。

福建省蘑菇菌种研究推广站原属福建省轻工业研究所，1988年开始逐年减拨事业费，1995年前后完全转为自收自支单位，2007年从福建省轻工业研究所剥离，整体划转给福建省农业科学院。福建省农业科学院将该站与分散在本院土壤肥料研究所、植物保护研究所和农业工程研究所等单位从事食用菌科研与开发的力量进行整合，成立福建省农业科学院食用菌研究所（以下简称食用菌所），恢复为全额拨款公益类科研机构。

二、改制对科研机构产生的不同影响

三明市真菌研究所与福建省蘑菇菌种研究推广站不同的改制途径，对科研机构的发展产生了十分广泛的影响。

（一）改制在一定程度上促进了成果转化

对科研机构实施改制，以及后来进一步实行的分类管理，其主要目标之一就是促使有面向市场能力的科研机构加速走向市场，推进成果转化。两家科研机构的改革实践表明，企业化改制在很大程度上影响科研机构推动成果转化的意愿和能力。

三真所的改制，其起始缘由正是具有一定的成果转化创收能力。20世纪80年代末，在科技体制改革的浪潮中，三真所科技人员勇闯潮头，利用科技成果和技术优势，开展食用菌菌种的生产和销售工作，在推动全省乃至全国食用菌产业发展的同时，自身也获得较好的经济收益。当时，全所通过技术服务和成果转化，最高时年创纯利润近80万元，职工（含编外用工）人均0.6万元，约相当于年工资收入的2倍。正是这一创收基础，同时基于对科技体制改革的良好预期，政府和有关部门将三真所推上了改制的第一线。三真所围绕创收来展开科研与科技服务，按照企业的运作模式追求产值和利润，需要靠成果转化与服务来维持自身的生存与发展，因此，研究所的工作都围绕创收来展开，注重追求产值和利润，先后试办了药剂加工厂、轻包装厂、药厂等多个企业。目前，三真所主营食（药）用菌真种、食用菌产品等，注册"三真"菌种、"皇孟"食用菌、"树花"药品等商标，可提供30多个种类的菌种，供应19个省3 000多家种植户，带动产值100多亿元，菌种供应占全国8%~9%的市场，从这方面来说，完全企业化的改制在一定程度上确实有利于促进成果转化。

与三真所相比，从直接转化为自身经济效益方面，食用菌所未见明显改善，科技人员从事成果转化的意愿也明显低于前者。但从提升全省食用菌产业发展等间接效益的角度，食用菌所对产业发展的支撑引领更为有力。全所主持建立了省、地（市）、县三级科研、推广网络，培育出的杂交新菌株As2796系列占全省蘑菇用种量的95%，全国的80%。选育出的优良品种占全国绣球菌工厂化栽培用种量的100%，为福建省食用菌产业发展水平领先于全国、中国食用菌产业规模领先于世界做出了积极贡献。

（二）改制使三明真菌研究所的创新能力基本散失

实施"断奶"式的改制，对三真所的发展产生了较大影响，其中对创新能力的负面影响尤为明显。

改制前，三真所具有很强的科研能力，是全国食用菌研究机构中的佼佼者。曾经选育出银耳、香菇、金针菇、毛木耳、黑木耳、茶树菇等数十个食用菌优良菌株，被农业部审认定的具有自主知识产权的新菌种就有15个。承担了国家、省、市科研项目近100项，获得相关科技成果近40项，其中"香菇育种新技术的建立与新品种的选育"获国家科学技术进步二等奖。发表论文数百篇，出版了《自修食用菌学》《中国食用菌百科》《中国大型真菌原色图鉴》《18种珍稀美味食用菌》等食用菌专著、译著达30多部（本）。发明了银耳混种工艺，出耳率达100%，居国际领先水平；在国内率先育出用木屑栽培的香菇杂交菌株；选育出国内第一个金针菇工厂化、商品化生产菌株。在国内最先提出发展珍稀食用菌战略，并对茶树菇、杏鲍菇、大球盖菇、大斗菇、虎奶菇、鲍鱼菇、香魏蘑等18种珍稀食用菌进行研究开发。鉴于其在全国食用菌领域研究的领先地位，三真所曾担任过全国真菌专业骨干科研所和华东地区食用菌科研协作组组长单位，这在地区级科研机构中是很少见的。1983年，三真所还承办了全国食用菌工作会议。

2000年三真所转制，财政不再拨款后，作为民营企业，研究所很难获得政府科技项目资助，在以生存为第一要务的大背景下，科研工作实际已很难开展，研究所的创新能力迅速下滑。以获奖科技成果为例，改制前（1999年前），该所获得国家、省、设区市级各类科技成果奖励33项，其中还包括国家科技进步二、三等奖各1项。完全改制后（2007年后）仅获得3项，除2007年取得成果奖励为主持单位外，其余2项均为参与单位，这些成果还离不开前些年的积累。显然，与此前相比，获奖的数量和等级均大幅度下降。

改制还使得三真所的创新基础不断弱化。改制前，三真所共有职工80多人，最鼎盛时期，包括编外人员达到200多人。当时该所具有很强的科研力量，原所长黄年来先生，以一个地区级研究所的负责人，担任了中国菌物学会副理事长、食用菌专业委员会主任、全国食用菌协会副会长,堪称当时我国食用菌界的泰斗级人物。但转制为企业后,三真所人才流失严重,科研人员减少约30人(包括提前退休人员),2007年全面改制为私有企业后,12位中青年科技人员不满足工资待遇相继离开[1]。截至2019年10月,三真所拥有中高级职称技术人员26人,这些科技人员多数从事菌种生产,仅有3人从事与科研有关的菌种提纯复壮工作,且资金少、项目小,研究所和科技人员基本没有从事科研工作的意愿与能力。此外,三真所原来保存有较为丰富的食用菌种质资源,拥有食用菌优良菌株150多个,母种1 000多份,食用菌野生标本2 000多份,其中有些种质资源是国内外独有的。改制后,由于缺乏稳定的经费支持,三真所已经失去了原有的资源保存条件,现有标本均用樟脑丸保存,仅可作为观赏用和形态研究,已无法用于分子研究,失去很大一部分种质资源的研究价值,资源的挖掘利用也基本停滞。

(三)保留公益性有利于科研机构提升创新能力

20世纪90年代,福建省蘑菇菌种研究推广站改为自收自支单位后,科研经费立时显得捉襟见肘,科研工作举步维艰,科技人员纷纷转行,该所原本主持的国家蘑菇攻关项目中,六七个参与攻关省市的蘑菇育种研究与推广单位逐步退出。整合进入福建省农业科学院后,研究所的整体创新能力得到较大提升。2007年并入福建省农业科学院之前,蘑菇菌种研究推广站共获得各类科技奖励25项,育成新品种8个,发表论文346篇。2008年划转入福建省农业科学院后,科技产出有了较大幅度的增长,至2018年的11年间,获得各类科技奖励13项,育成新品种9个,发表论文400篇,年均数量分别是划转前的1.5倍、2.7倍和3.2倍(表1)。在双孢蘑菇遗传育种与工厂化制种、绣球菌工厂化栽培、正红菇仿生态栽培、茯苓标准化栽培和药用菌活性成分研究等方面处于国际先进或国内先进水平,尤其在双孢蘑菇研究方面,建立起国内第一个双孢蘑菇遗传变异模式和杂交育种体系并申请专利。研发的"珍稀食用菌高值化加工关键技术创新与应用"入选2017年"全国农产品加工业十大科技创新推广成果"。选育并保藏各类食药用菌近

1 000 株，其中双孢蘑菇种质资源量占世界第三位。联合 6 个省市再度攻关，在川藏、青海等地首次发现丰富的双孢蘑菇野生种质资源。研究所承担的国际合作（中美）、国家基金、科技攻关、科技支撑、行业科技、948 等国家级项目和省部级食用菌科研和技术开发课题 300 多项。

表1　食用菌所划转前后科技产出对比简表

时间	主要科技产出				
	科技奖	品种	标准	论文	专利
2007 年（含）以前	25	8	2	346	2
2008 年以来	13	9	6	400	24

福建省蘑菇菌种研究推广站并入福建省农业科学院进行整合重组，最为直接的影响就是稳住了人才，同时大幅度改善了科技创新条件，从而增强了创新发展的后劲。整合重组成立食用菌研究所后，福建省委编办批复核定事业编制 40 名，除将原有 17 名非事业编制人员改回事业编制外，还从福建省农业科学院其他研究所调剂 23 名事业编到食用菌所，从而增强了研究所对人才的吸引力，人才队伍得以发展壮大。目前，全所已拥有正高级专业技术职称人员 6 名，副高级专业技术职称人员 9 名，博士 4 人、硕士 15 人。有国家级专家 1 名，国家"百千万人才工程"人选 1 名，享受国务院特殊津贴专家 1 名，省"百千万工程领军人才" 1 名，省"百千万人才工程"人选 1 名，国家、省产业体系专家 2 名，成为国内一支较有影响的食用菌专业科技队伍，教授级高级工程师王泽生获得 2014 年度福建省重大科技贡献奖。此外，原本作为省轻工业研究所的下属机构，福建省蘑菇菌种研究推广站得到的支持相对有限。进入省属公益类科研机构序列后，国家、省有关部门对食用菌所的支持力度大幅度增强，通过原有资源的整合和新平台的创建，食用菌所创新平台的数量和等级迅速提升。目前，食用菌所拥有特色食用菌繁育与栽培国家地方联合工程研究中心、国家食用菌产业技术体系遗传育种岗位、国家食用菌工程技术研究中心福建分中心等 6 个高水平的国家、省级创新平台，持续发展能力明显增强。

三、对当前省属科研机构改革的若干建议

三明市真菌研究所1969年前还属于省属科研机构,改制前,其与福建省蘑菇菌种研究推广站单位性质、研究开发内容基本相同,两家机构一个被改制,一个被整合重组,不同的处理方式产生了截然不同的效果,值得思考。

(一) 慎重开展研究机构的改制

对科研机构进行改制,是科技体制改革的重点,也是科研机构退出公益性管理的主要途径之一。从三真所的改制实践来看,改制有利于促进成果转化,但不利于科技创新,总体上应是弊大于利。

目前的转制,基本是将有市场创收能力的科研机构定义为非公益类科研机构,实行整体转制。国办发〔2000〕38号《关于深化科研机构管理体制改革实施意见的通知》明确规定,"公益类研究和应用开发并存的科研机构,有面向市场能力的(占总数一半以上)要向企业化转制;以提供公益性服务为主的科研机构,有面向市场能力的也要向企业化转制;主要从事应用基础研究或提供公共服务、无法得到相应经济回报、确需国家支持的科研机构……其中具有面向市场能力的部分,也要向企业化转制并逐步与原科研机构分离"。从减轻财政负担(在地方政府改革的层面事实如此)、促进科技与经济结合的角度,这种改制可以取得一定成效。但三真所的改制实践表明,改制或退出公益性机构管理,必然会对科研机构科技创新能力的提升产生不利的影响。科研机构退出公益研究,为了生存,只能追求短期经济效益,基本上就失去研究的动力,更多地以盈利为第一目标,难以关注长期的科技创新,科研机构的发展潜力和积累很快被挖掘殆尽,科研能力直线下降,人才队伍基本散失,发展能力大受影响,目前三真所已基本失去育种能

力。这一结果对原本在国内同行业中具有影响力和领先水平的科研机构来说，相当可惜。从这一角度来看，三真所的改革并不成功，至少没有达到预期的科研与生产双促进的目标。

福建省大型企业少，企业整体实力不强，对科研机构的支撑能力和对高层次人才的吸引能力普遍不足。科研机构撤并进入企业，或者直接转制变成企业后，多数只能成为中小型科技企业，或者成为中小企业内部的非公益类科研机构，对人才尤其是高水平人才显然缺乏吸引力，也难以留住已有的人才。在国内外、省内不同层面的人才竞争中，这些由科研机构转制而来、缺乏竞争力的中小企业，或进入中小企业的科研机构，科技人才的流失、科技资源的散失成为必然。随着人才的流失，科研机构创新能力的弱化乃至科研机构的消亡就成为可以预期之事。如不调整此前科研机构改制的思路，类似于三真所的人才队伍散失、创新能力严重下滑的问题过去已经产生，今后还将会出现。

（二）注重被撤并科研机构的整合重组

科技服务经济，其源头是科技的发展。科研机构则是科技发展必不可少的基础。在福建省属科研机构中，公益类科研机构在科技创新中发挥了重要作用。仅以福建省农业科学院为例，2010—2018 年，全省累计评出科学技术重大贡献奖 8 人次，自然科学奖 100 项、技术发明奖 73 项、科学技术进步奖 1 544 项，其中，福建省农业科学院分别获得 2 人次，自然科学奖 1 项、技术发明奖 1 项、科学技术进步奖 109 项，分别占全省的 25%、1%、1.3% 和 7%。而 2017 年全院科技人员 1 030 人，仅约占当年全省专业技术人员总数（736 743 人）的 1.4%，公益类科研机构作为全省科技创新生力军的作用从中可见一斑。

在我国企业的整体竞争力偏弱、核心技术多数受制于人的情况下，科研机构不论转制或被撤并，都应以发展壮大科研力量为根本目的。福建省蘑菇菌种研究推广站成功的整合重组表明，只有机构壮大了，才会有稳定的队伍，才会有创新的基础。福建省科研机构总体数量不多，公益类科研机构更少,应该倍加珍惜。应本着科技体制改革的根本精髓——促进科技的发展,来谋划科研机构的改制或退出。因此,必须调整地方政府以减轻财政压力为目标的改革行为,使科技体制改革真正促进研究机构的发展壮大,而非相反。高校在改革中,通过"211""985""双一流"等措施不断壮大。与之相反,通过科技体制改革,公益类科研机构数量不断缩减,两者间的差距一目了然。在今后的深化科技体制改革中,对科研机构的转制要慎重,对科研机构的撤并更应慎重。

要珍惜科研机构的各类科技资源。对确需撤并的科研机构,要对其机构和人员的编制进行充分利用,尽可能整体转设为新的适应经济社会发展需要的研究机构,在稳定人才、保存科技资源的同时,使其得以发挥新的作用。在今后的深化改革中,应适度调整科技体制改革的思路,不能将科研机构的转制进入市场作为科技体制改革的主旋律,即使不扩大公益类科研机构规模,至少也要稳定现有的水平。

科研机构的科技资源,既包括土地、房产、仪器设备等固定资产,也包括人才、种质资源、实验材料、科技资料,以及其他知识产权资源。在科研机构的转制式改革中,企业和管理部门更关注的是固定资产,多数情况下会忽视其余资产尤其是知识产权。实际上,种质资源、实验材料、科技资料等知识产权,都需要长期的积累,对科研机构的发展和科技创新工作来说,这些资源更为关键。应建立规范、完善的制度,对转制的科研机构进行持续扶持,充分挖掘利用其科技资源,作为公益类科研机构的有力补充。以三真所为例,如加大支持,使其保有的食用菌优良菌珠、母种、野生标本等科技资源得到有效利用,对促进区域科技创新和食用菌产业的发展应具有十分积极的正面意义。

(三) 强化科研机构的全省统筹管理

从三明市真菌研究所和福建省蘑菇菌种研究推广站两家科研机构的改制实践中,可以较清晰地看出,在科研机构的设立或退出过程中,如果政府有关部门加强统筹,使科技资源得到最优化的利用(如福建省蘑菇菌种研究推广站的整合重组），可以起到事半功倍的效果。反之，如果仅仅局限于一个地域或一家机构的改革，极易造成科技体系的不完整，以及宝贵的科技资源的散失。三真所改制后，由于属于非公益类科研机构，按照现行财政资金管理规定，该所无法得到政府稳定的财政支持，现有食用菌创新资源难以继续有效开发利用。与此同时，由于缺乏统筹，同属一地、食用菌研究能力相对偏弱的三明市农业科学院却得到政府财政的大力支持，重新组合人马、搭建平台，开展食用菌相关研究，这实际上造成新的资源浪费。

借鉴三真所和福建省蘑菇菌种研究推广站两家科研机构的改制得失，为提高科研效率，减少重复研究造成科技资源的浪费，应注重在全省层面强化对设立科研机构的统筹，加强对公益类科研机构的结构布局、职能定位的宏观管理和统筹协调，按经济与社会发展需要设置科研机构，同时兼顾省、市科研机构的衔接与协调，建立起统一协调、机构精干、结构优化、布局合理、科技力量相对集中的科技体系，实现全省科技资源的合理调配和优化组合。如针对当前福建省公益类科研机构中农业领域科研机构比例偏大的现状，要适当予以调整，加大现代工业等领域高新技术研究机构的比例。

与此同时，要加强对公益类科研机构的过程监管，对不适应社会经济发展需要的研究机构，要促使其紧跟经济社会发展，不断调整研究方向和重点，在大稳定的前提下，逐步调整资源配置，逐步实现从量变到质变，从避免不得不被撤并的结局。

（四）完善科研机构建设的论证审批机制

三明市真菌研究所和福建省蘑菇菌种研究推广站因采取不同改革方式取得了截然不同的结果，凸显出的一个问题就是，现有科研机构在组建与退出过程中的审批管理还需要进一步完善，还需要更加规范化、科学化。

三真所改制后，短短10余年间，就从全国领先的食用菌研究机构迅速退步，目前已接近消失的边缘，科技体制改革的初衷基本落空。这其中，对研究所转制缺乏科学、充分的论证，是一个不可否认的诱因。

要使科研机构的设立或退出更加客观、公正，真正实现科研机构的公益性服务功能和长远发展规划,就要建立并不断完善第三方的专家论证机制,破除主观意识,由专家进行长远、科学的论证,增强研究机构建设的科学性,弱化科研机构的直接主管部门在其中的主导作用,避免科研机构设立或退出中的过度行政化问题,真正实现用科学的理念公开、公平论证科研机构的组建或撤并(转制)。

按照中央编办有关文件规定,在科研机构组建或撤并(转制)的过程中,编制管理部门必须会同科技管理部门进行联合审批。而在三明市真菌研究所和福建省蘑菇菌种研究推广站两家科研机构的改制实践中可以看出,在其中起主导作用的还是其上级行业主管部门(含编制管理部门),三明市真菌研究所的改制由三明市政府主导,福建省蘑菇菌种研究推广站的整合由省政府协调,科技管理部门在其中并没有发挥出充分的审批职责。

针对这一现象,在公益类科研机构的组建与撤并(转制)过程中,有必要改变现在由该机构行政主管厅局为主作出决定的做法,更加充分发挥科技主管部门的统筹协调作用,进一步强化科技主管部门对科研机构的审批职责,切实赋予科技主管部门在科研机构的组建、撤并(转制)中的职权,推动其站在全省的层面,加强顶层设计和统筹规划,增强科技主管部门对新设立科研机构的审核职能,以及对拟撤并(转制)科研机构资产的处置权,打破目前以行业主管部门为主决定科研机构的组建与撤并(转制)的管理格局。

参考文献

[1] 建议市委市政府给予三明市真菌研究所社会公益型科研机构待遇 [EB/OL]. http://www.fjsmmm.com/smmmold/news.asp? id=1221.

附　表

附表1　层次分析法标度及定义说明

标度	含义
1	因子 B_i 和 B_j 同等重要
3	因子 B_i 和 B_j 略重要
5	因子 B_i 和 B_j 较重要
7	因子 B_i 和 B_j 非常重要
9	因子 B_i 和 B_j 绝对重要
2, 4, 6, 8	以上两判断的中间状态
倒数	因子 B_j 和 B_i 比较时，标度为 $a_{ji}=1/a_{ij}$

附表2　科研机构 SWOT-AHP 分析发展能力判断矩阵

	I	E	W_i
I	1	2	0.6667
E	1/2	1	0.3333

附表3　科研机构 SWOT-AHP 分析内部能力判断矩阵

	I1	I2	I3	I4	I5	I6	I7	I8	W_i
I1	1	1/2	2	3	3	3	1/2	4	0.1788
I2	2	1	2	3	3	3	1/2	3	0.1985
I3	1/2	1/2	1	1	2	2	1/3	1	0.0894

(续表)

	I1	I2	I3	I4	I5	I6	I7	I8	W_i
I4	1/3	1/3	1	1	1	2	1/3	1	0.0741
I5	1/3	1/3	1/2	1	1	1	1/3	1	0.0614
I6	1/3	1/3	1/2	1/2	1	1	1/4	1/2	0.0499
I7	2	2	3	3	3	4	1	1/3	0.2221
I8	1/4	1/3	1	1	1	2	3	1	0.1259

$\lambda_{max}=8.4684$，CI=0.0669，RI=1.41，CR=0.0475<0.1（符合一致性检验）。

附表4　科研机构SWOT-AHP分析外部环境判断矩阵

	E1	E2	E3	E4	W_i
E1	1	1/3	3	3	0.2885
E2	3	1	1/2	5	0.3792
E3	1/3	2	1	1	0.2298
E4	1/3	1/5	1	1	0.1025

$\lambda_{max}=4.9789$，CI=0.3263，RI=0.9，CR=0.3626<0.1（符合一致性检验）。

附表5　科研机构SWOT-AHP分析人才队伍判断矩阵

	I11	I12	I13	W_i
I11	1	2	2	0.5000
I12	1/2	1	1	0.2500
I13	1/2	1	1	0.2500

$\lambda_{max}=3.0000$，CI=0.0000，RI=0.58，CR=0.0000<0.1（符合一致性检验）。

附表6　科研机构SWOT-AHP分析科技经费判断矩阵

	I21	I22	I23	I24	W_i
I21	1	2	1/3	1	0.2014
I22	1/2	1	1/2	1/3	0.1268

（续表）

	I21	I22	I23	I24	W_i
I23	3	2	1	2	0.4214
I24	1	3	1/2	1	0.2505

$\lambda_{max}=4.1757$，CI=0.0585，RI=0.9，CR=0.0651<0.1（符合一致性检验）。

附表7 科研机构SWOT-AHP分析创新条件判断矩阵

	I31	I32	W_i
I31	1	1/2	0.3333
I32	2	1	0.6667

$\lambda_{max}=2.0000$，CI=0.0000，RI=0，CR<0.1（符合一致性检验）。

附表8 科研机构SWOT-AHP分析知识产权判断矩阵

	I41	I42	W_i
I41	1	2	0.6667
I42	1/2	1	0.3333

$\lambda_{max}=2.0000$，CI=0.0000，RI=0，CR<0.1（符合一致性检验）。

附表9 科研机构SWOT-AHP分析论文论著判断矩阵

	I61	I62	W_i
I61	1	2	0.6667
I62	1/2	1	0.3333

$\lambda_{max}=2.0000$，CI=0.0000，RI=0，CR<0.1（符合一致性检验）。

附表10 科研机构SWOT-AHP分析技术开发转让判断矩阵

	I71	I72	I73	W_i
I71	1	1/3	1/2	0.1593
I72	3	1	3	0.5889
I73	2	1/3	1	0.2519

λ_{max} = 3.0539，CI = 0.0270，RI = 0.58，CR = 0.0465<0.1（符合一致性检验）。

附表11 科研机构SWOT-AHP分析技术服务咨询判断矩阵

	I61	I62	W_i
I61	1	2	0.6667
I62	1/2	1	0.3333

λ_{max} = 2.0000，CI = 0.0000，RI = 0，CR<0.1（符合一致性检验）。

相关文件

关于科研单位分类的暂行规定

(1986年3月24日国家科学技术委员会发布)

根据《中共中央关于科学技术体制改革的决定》和《国务院关于科学技术拨款管理的暂行规定》中，关于各类科研单位（研究与开发机构）的科研事业费进行分类管理的精神。为指导和检查各部门对其下属研究与开发机构的分类工作，并依照国家科委综合局所编制的科技活动分类统计文件中有关各类活动类别区分的边界特征，特制定本规定。请各部门遵照执行。

第一条 各部门根据下属研究与开发机构所从事的工作性质、承担课题的类型，及本规定对各种类型工作的定义和界线，将其下属研究与开发机构划分为下列四种类型：

（一）技术开发类型；

（二）基础研究类型；

（三）多种类型；

（四）社会公益事业、技术基础、农业科学研究类型。

上述研究与开发机构是指各部门直属的独立经济核算的研究所和直属的研究院下属的研究所。

第二条 技术开发类型的确定。凡主要从事技术开发工作（含试验发展、设计与试制、推广示范与技术服务及小批量单件常规生产）和近期可望取得实用价值的应用研究工作的单位属技术开发类型。其中技术开发工作和应用研究工作的定义和界限分别如附表所示。

第三条 基础研究类型的确定。凡主要从事基础研究和近期尚不能取得实用价值的应用研究工作的单位属基础研究类型。其中基础研究工作和应用研究工作的定义和界限亦如附表所示。

第四条 多种类型的确定。凡同时从事上述基础研究、技术开发两种类型工作，其中每种类型工作均占相当的比重，但又均不占明显优势的单位属多种类型。

第五条 社会公益事业、技术基础、农业科学研究类型的确定。凡专门从事以下三方面工作之一的单位属社会公益事业、技术基础和农业科学研究类型：

（一）社会公益事业，如医药卫生、劳动保护、计划生育、灾害防治、环境科学等；

（二）技术基础工作，如情报、标准、计量、观测等；

（三）农业科学研究工作。

第六条 本规定自发布之日起施行。

国务院办公厅转发科技部等部门关于深化科研机构管理体制改革实施意见的通知

国办发〔2000〕38号

各省、自治区、直辖市人民政府，国务院各部委、各直属机构：

科技部、中编办、财政部、中央企业工委、国家计委、国家经贸委、教育部、劳动保障部、外经贸部、税务总局、工商局、质量技监局《关于深化科研机构管理体制改革的实施意见》已经国务院同意，现转发给你们，请认真贯彻执行。

国务院办公厅
二〇〇〇年五月二十四日

关于深化科研机构管理体制改革的实施意见

科技部　中编办　财政部　中央企业工委
国家计委　国家经贸委　教育部　劳动保障部
外经贸部　税务总局　工商局　质量技监局
（二〇〇〇年四月二十九日）

经过十多年的科技体制改革，我国科研机构的组织结构和运行机制已发生重大变化。市场需求对研究开发的导向作用不断增强，科研机构面向市场的自我发展活力有所提高；1999年经国务院批准，国家经贸委管理的10个国家局所属科研机构进行了企业化转制试点，科技力量布局的调整有了新的突破。但是，科技与经济脱节的问题还没有从根本上得到解决，科研机构管理体制仍然存在着条块分割、分散重复、人员过多、效率不高、面向市场的机制不完善等问题，必须按照《中共中央、国务院关于加强技术创新，发展高科技，实现产业化的决定》（中发〔1999〕14号）的要求，深化科研机构管理体制改革，优化科技力量布局和资源配置。为此，对国务院部门（单位）所属科研机构管理体制改革，提出以下实施意见。

一、科研机构深化改革的目标和方向

（一）改革的目标

按照实施科教兴国战略、加强科技创新、加速成果转化的总要求，根据社会主义市场经济规律和科技自身发展规律，全面优化科技力量布局和科技资源配置；加快国务院部门（单位）所属科研机构改革步伐，使其适应市场需求，更好地为经济建设和社会发展服务；国家以支持项目为主，通过竞争择优方式扶持技术创新活动；国家财政科技投入集中用于应由国家支持、亟需发展的领域和少数精干、高水平的重点科研机构；建立"开放，流动，竞争，协作"的管理和运行机制。

（二）改革的方向

对不同类型、分属不同部门的科研机构实行分类改革。

1. 技术开发类科研机构实行企业化转制。

国家电力公司、中国石油化工集团公司、中国石油天然气集团公司、中国建筑工程总公司、中国汽车工业总公司等企业所属科研机构已经进入企业，要办理事业单位注销手续；作为独立企业法人的要办理企业登记手续。

建设部、铁道部、交通部、信息产业部、药品监管局等部门所属技术开发类科研机构，要通过转为企业或进入企业等方式向企业化转制，与原部门脱钩；为国家经济和社会发展提供重大基础性或共性技术服务、无法得到相应经济回报的个别科研机构，通过调整结构、优化组合形成一支精干队伍，这些科研机构可以由原部门（单位）继续按事业单位管理。承担军事科研任务的科研机构，原则上也要向企业化转制，具体转制方式和管理体制另行制定。

2. 社会公益类科研机构分不同情况实行改革。

国土资源部等部门所属公益类研究和应用开发并存的科研机构，有面向市场能力的（占总数一半以上）要向企业化转制；以提供公益性服务为主的科研机构，有面向市场能力的也要向企业化转制；主要从事应用基础研究或提供公共服务、无法得到相应经济回报、确需国家支持的科研机构，仍作为事业单位，按非营利性机构运行和管理，其中具有面向市场能力的部分，也要向企业化转制并逐步与原科研机构分离。其他科研机构要向中介服务方向发展。

按非营利性机构管理和运行的科研机构，要优化结构、分流人员、转变机制，按照总体上保留不超过30%工作人员的要求，重新核定编制。

3. 财政部、文化部等部门所属以社会科学（含经济、文化、法律等）领域研究为主的科研机构，按照国家关于其他类型事业单位的改革部署进行改革。

4. 中科院所属科研机构，按照本实施意见确定的基本原则进行改革。具体工作要结合经国务院批准的"知识创新工程"试点方案进行。

5. 加强科研和教育的结合，鼓励科研机构进入高等学校、与高等学校合并或开展多种形式的合作。

二、支持科研机构深化改革的政策

（一）转为企业或进入企业的科研机构，执行科技部等部门发布的《关于国家经贸委管理的10个国家局所属科研机构管理体制改革的实施意见》（国科发政字〔1999〕143号）、《关于国家经贸委管理的10个国家局所属科研机构转制中有关国有资本核定问题的通知》（财管字〔1999〕276号）、《关于国家经贸委管理的10个国家局所属科研机构转制后税收征收管理问题的通知》（国税发〔1999〕135号）、《关于国家经贸委管理的10个国家局所属科研机构转制后有关养老保险问题的通知》（劳社部发〔2000〕2号）中所规定的政策。涉及实施时限的，由发文单位作相应的变通处理。

（二）按非营利性机构运行和管理的科研机构，要在人事制度、分配制度等方面进行改革，按照新的机制和管理制度运行，承担政府、企业和其他社会组织委托的任务，按有关规定为社会提供有偿服务，提高面向市场服务的能力，最终实现经营管理的社会化；主管部门要转变管理方式，变直接领导为通过参加机构理事会参与重大问题决策。这类科研机构达到改革目标、经有关部门验收并重新核定编制后，国家对其增加人均事业费投入。要加强科研项目经费的投入和管理，按照竞争、择优的原则对优选的科研项目加强支持。

（三）进入高等学校或与高等学校合并的科研机构，其人均事业费低于高等学校标准的，由负责拨付费用的一级财政予以补足。

三、改革的组织实施

科研机构管理体制改革事关科技工作、经济工作和社会稳定的全局。国务院各部门（单位）要高度重视，根据本实施意见提出切实可行的改革方案，明确所属科研机构的具体改革方向和任务，制定保障改革顺利实施的措施和办法，及时解决实践中出现的新情况、新问题，充分调动科研机构和广大科技人员的积极性和创造性。

（一）科研机构管理体制改革以国务院各部门（单位）为主具体实施。向企业化转制的科研机构要于2000年9月底前完成交接，2000年12月底前完成企业登记。社会公益类科研机构按照非营利性机构运行和管理的试点工作，在本实施意见发出后启动，总体方案要在2000年12月底前确定，2001年全面实施。

（二）经国务院授权，由科技部牵头，会同国务院有关部门（单位）做好科研机构管理体制改革的协调、审核工作。国务院部门（单位）所属科研机构的改革方案经科技部、财政部、中编办审核批准，报国务院备案后组织实施。科技部负责改革方案实施的检查督导工作，统筹协调社会公益类科研机构分类改革的方案制定、试点和全面启动工作。

科技部会同国务院有关部门制定非营利性科研机构的有关政策和运行管

理规范，定期评估其工作绩效。

（三）国务院有关部门要根据科研机构管理体制改革的新形势，改革政府科技经费投入方式，建立国家科技计划项目招投标制度，对国家科研计划项目的实施逐步实行课题制管理，使科研机构管理体制改革、调整后的科技实力和创新能力得到进一步加强。

（四）地方政府部门所属科研机构体制改革工作，由各地方政府参照本实施意见进行。

国务院办公厅转发科技部等部门关于非营利性科研机构管理的若干意见（试行）的通知

国办发〔2000〕78号

科技部、中编办、财政部、税务总局《关于非营利性科研机构管理的若干意见（试行）》已经国务院同意，现转发给你们，请认真贯彻执行。

关于非营利性科研机构管理的若干意见（试行）

科技部　中编办　财政部　税务总局（2000年7月5日）

为贯彻《中共中央、国务院关于加强技术创新，发展高科技，实现产业化的决定》（中发〔1999〕14号）精神，深化科研机构管理体制改革，加强社会公益科研工作，增强为经济建设和社会发展服务的活力，对国务院部门（单位）所属社会公益类科研机构实行分类改革，现就按非营利性机构运行和管理的科研机构（以下简称非营利性科研机构）提出以下意见。

一、主要从事应用基础研究或向社会提供公共服务，无法得到相应经济回报，国家财政给予经常性经费补助、确需国家支持的国务院部门（单位）所属社会公益类科研机构，经科技部、中编办、财政部、税务总局批准，可按本意见精神，按照非营利性机构运行和管理。

二、非营利性科研机构以推进科技进步为宗旨，不以营利为目的，主要从事社会公益为主的科学研究、技术咨询与服务活动。

三、非营利性科研机构具有独立法人资格，执行国家的法律、法规，在政府有关部门的指导、监督下，自主管理。

非营利性科研机构要根据国家法律、法规的规定和出资者的约定，制定章程，明确机构宗旨、业务领域、组织结构、决策监督程序、内部管理制度等。

四、申请按非营利性机构运行和管理的科研机构，要调整和明确业务方向，优化结构、分流人员，由主管部门（单位）报科技部、财政部、中编办、税务总局共同审核，认定为非营利性科研机构，并在国家机构编制管理部门进行事业单位法人登记。

五、非营利性科研机构可以通过以下方式获得发展资金：

（一）政府资助，国家对非营利性科研机构的正常运行、设备购置、基本建设等给予一定的资金支持；

（二）承担政府、企业、其他社会组织和个人的委托项目；

（三）社会捐赠；

（四）为社会提供有偿服务；

（五）其他合法收入。

政府和其他社会力量对非营利性科研机构拨入和捐赠的资产不得抽回。任何机构和个人不得以任何方式从非营利性科研机构获取投资回报。

非营利性科研机构向社会提供有偿服务的收入按国家规定留给单位的部分，全部用于自身发展。

六、对非营利性科研机构的管理，科研机构主管部门（单位）要逐步将直接领导转为通过参加理事会参与科研机构决策，对科研机构赋予自主权，最终实现非营利性科研机构经营管理的社会化。

非营利性科研机构要积极探索实行理事会决策制、院（所）长负责制、科学技术委员会咨询制和职工代表大会监督制度：

（一）理事会负责面向社会公开选聘和推荐院（所）长，审定发展规划、年度工作计划和财务收支计划，监督业务和管理活动的合法性。理事会成员由主管部门（单位）代表、本单位代表、行业专家代表、有关出资方代表组成。

（二）院（所）长是法人代表，执行理事会决议，负责科研业务和日常管理工作，对理事会负责。

（三）科学技术委员会负责对重大科学技术问题提出咨询意见。

（四）职工代表大会负责监督。

七、非营利性科研机构全面推行聘任制。面向社会公开招聘工作人员，根据实际需要自主决定招聘人员数量，确定岗位设置、不同等级专业技术职称比例及受聘人员的职位等级，通过合同方式依法确定单位和个人的权利义务关系。聘任合同可分为短期合同和长期合同，或以完成某项科研任务为合同期限。对被聘用人员实行岗位责任制管理，定期考评；对经考评不合格人员、聘用合同到期后未续聘人员和被辞退人员，依照国家有关规定解除合约。

非营利性科研机构应执行国家关于事业单位的工资制度，实行工资总额包干，按岗定酬，按任务定酬，按业绩定酬，对其工资构成中活的部分加大自主分配力度。

非营利性科研机构按照国家有关规定参加城镇职工养老、基本医疗和失业保险。

八、非营利性科研机构暂按科学事业单位的财务会计制度执行。其年度预算经主管部门审核汇总，报财政部门核定。

九、非营利性科研机构税收政策。

（一）非营利性科研机构从事技术开发、技术转让业务和与之相关的技术咨询、技术服务所得的收入，按有关规定免征营业税和企业所得税。

（二）非营利性科研机构从事与其科研业务无关的其他服务所取得的收入，如租赁收入、财产转让收入、对外投资收入等，应当按规定征收各项税收；非营利性科研机构从事上述非主营业务收入用于改善研究开发条件的投资部分，经税务部门审核批准可抵扣其应纳税所得额。

（三）非营利性科研机构自用的房产、土地，免征房产税、城镇土地使用税。

（四）社会力量对非营利性科研机构的新产品、新技术、新工艺所发生的研究开发经费资助，可依照税收法律、法规规定，允许在当年度应纳税所得额中扣除。

十、非营利性科研机构要接受政府相关部门及社会有关方面的监督。于每年第一季度向主管部门（单位）和科技行政管理部门报送上一年度的工作报告，接受业绩考核。

科技行政管理部门会同财政等有关部门对非营利性科研机构的运行绩效定期进行评估考核。

十一、科研机构按非营利性机构运行和管理的认定条件、规章制度和配套政策等，由科技部会同财政部、中编办、国家税务总局另行制定。

十二、地方所属科研机构按非营利性机构运行和管理，可以参照本意见执行。

福建省人民政府办公厅转发省科技厅等部门关于推进省属开发型科研机构实行企业化转制实施意见的通知

闽政办〔2000〕91号

宁德地区行政公署，各市、县（区）人民政府，省政府各部门，各直属机构，各大企业，各高等院校：

　　为了深化科技体制改革，促进科技与经济紧密结合。加速科技产业化进程，省科学技术厅、经济贸易委员会、发展计划委员会、改革开放办公室、机构编制办公室、财政厅、劳动和社会保障厅、人事厅、教育厅、对外贸易经济合作厅、工商行政管理局、质量技术监督局、国税局、地税局等15个部门共同制定的《福建省推进省属开发型科研机构实行企业化转制实施意见》，已经省政府研究同意，现转发给你们。请结合贯彻省委办公厅、省政府办公厅《关于省政府专业经济管理部门（总公司）机构改革后所属事业单位调整改革的意见》（闽委办〔2000〕49号），认真抓好《实施意见》的落实工作，如期完成省属开发型科研机构转制任务。省科技厅等有关部门要根据科研机构在转制过程出现的新情况，及时完善具体配套政策，为省属科研机构深化改革创造良好的条件，确保改革顺利进行。各科研机构要勇于改革，开拓创新，在经济建设主战场中不断发展壮大，为加快实施科教兴省战略做出新的贡献。

福建省人民政府办公厅
二〇〇〇年五月二十四日

福建省推进省属开发型科研机构
实行企业化转制实施意见

(省科学技术厅　省经济贸易委员会　省发展计划委员会　省改革开放办公室　省政府机构编制办公室　省财政厅　省劳动和社会保障厅　省人事厅　省教育厅　省对外经济技术合作厅　省工商行政管理局　省质量技术监督局　省国家税务局　省地方税务局　二〇〇〇年五月十五日)

为了深化我省科技体制改革，优化科研结构，合理配置科技资源，推动科研机构面向市场，促进科技与经济紧密结合，加速科技成果向现实生产力转化，实现科技产业化，根据《中共中央、国务院关于加强技术创新，发展高科技，实现产业化的决定》、国家科技部等12个部委办局《关于国家经贸委管理的10个国家局所属科研机构管理体制改革的实施意见》和福建省委、省政府《关于加快实施科教兴省战略的决定》等文件精神，经研究，决定推进我省省属开发型科研机构向科技型企业转制，具体实施意见如下。

一、实行企业化转制的基本原则

按照科技体制改革总体要求，省属开发型科研机构要全部实行企业化转制。根据各单位的实际情况，分期分批进行。

由科研机构转制而成的科技型企业应尽快建立现代企业制度，成为具有较强市场竞争力和创新能力、自我决策、自主经营、自负盈亏、自我发展的社会企业法人。

省直有关部门应营造有利于科研机构转制的政策环境，采取有效措施，共同推进开发型科研机构企业化转制进程。

二、实行企业化转制的措施

（一）省属开发型科研机构实行企业化转制后，可根据其实际情况采取整体或部分进入企业，产权转让、出售、兼并、合资合作、吸收职工入股、引入外资等改制形式，有条件的可以依照《公司法》改制为有限责任公司或股份有限公司。同时，鼓励有条件的科研机构进入企业，成为企业的技术开发中心。

（二）科研机构转制时，原则上其全部国有资产（包括土地使用权）转作企业资产，全部资产减去负债转作国有资本金。资本金的审定程序：由科研机构提出申请，经主管部门、同级科技管理部门审核后，报同级财政（国资）部门根据国有资产管理有关规定进行审定。转制期间，要确保转制科研机构的国有资产不流失；转制完成后，可根据其改制形式和原主管部门（单位）机构改革后的具体情况，调整其资产纽带关系。

（三）科研机构转制为科技型企业时，要在工商行政管理部门登记注册为企业法人，注册名称可用原科研机构名称或用符合登记规定的其他名称。原已在工商行政管理部门登记注册为企业的科研机构自办科研经营实体，允许在科研机构转制时统一依法登记注册。

（四）科研机构转制后，凡经国家或省确认的技术认证和质量监督检验机构、分析测试机构等，省财政厅、省科技厅将会同有关部门根据其运行绩效进行考评，择优给予一定专项经费支持，用于仪器、设备更新改造。具体管理办法另行制定。

（五）转制期间，要保持转制科研机构现有领导班子相对稳定；转制完成后，可根据企业需要和运作方式调整其领导班子。

三、配套政策

（一）省财政设立的省科技体制改革专项经费，作为科研机构转制的引导经费，要专款专用，对推动科技体制改革进程，调整结构、分流人员，加强技术创新，实现产业化，推动科研机构面向市场、向科技型企业转制等方面的工作应予以优先扶持、重点安排。

（二）参照《关于国家经贸委管理的10个国家局所属科研机构管理体制改革的实施意见》的有关规定，转制科研机构享受以下优惠政策。

1. 在5年过渡期内，继续享受国家对开发型科研机构的扶持政策。

2. 省财政对转制科研机构每年继续给予以下专项经费支持：

（1）对经国家和省科技厅立项建设的科研中试基地、重点实验室继续给予专项补助。

（2）负担转制前已离退休的人员的社会保障经费。

（3）为继承、保护和发扬我省独具特色的工艺艺术，对省政府设立的福建省工艺美术珍品馆继续给予专项经费支持。

（4）对突发性重大受灾损失继续给予补助。

3. 职工养老保险按国家劳动和社会保障部等四部委《关于国家经贸委管理的10个国家局所属科研机构转制后有关养老保险问题的通知》（劳社部发〔2000〕2号）文件精神执行。

4. 转制科研机构的基本建设项目投资可视建设项目的具体情况由省里给予补助支持。

5. 对转制科研机构的技术转让、技术开发和与之相关的技术咨询、技术服务的收入，免征营业税。科研机构转制后在转制5年过渡期内，免征企业所得税，免征科研开发自用土地的城镇土地使用税。

6. 对具备条件的科研机构，有关部门应积极帮助其报批自营进出口权。

7. 享受国家、省里支持科技型企业的有关政策。

8. 参加国家、省里科研课题和项目的申请、竞标，享有与其他科研机构同等的权利。已经批准的科研课题和项目继续按原计划实施。

（三）转制科研机构中，转制前已离退休的人员及过渡期内离退休的人员的医疗费在省医疗保险改革方案出台前，继续保留原管理渠道不变，在省医疗保险改革方案出台后按新规定执行。

（四）科研机构转制后，按《公司法》要求改制成有限责任公司、股份合作制企业、股份有限公司时，根据企业发展需要，允许并鼓励非国有资本投资，发展混合所有制经济。同时允许并鼓励职工入股、部分买断或全部买断科研机构的国有资产，或由职工租赁经营。

单位职工投资入股的股权配置应按工龄、贡献、职务等进行量化。

科研机构、高等院校及科技人员以科研成果、专利、专有技术等知识产权作为投资股本，其成果价值占注册资本比例经省科技管理部门审核最高可达35%。

对转为股份合作制的小型科研机构，经省政府批准，可以在5年过渡期内，将国有股的25%分红权按工龄、职务、贡献让利给职工。职工没有所有权，不能继承、转让、馈赠。

四、实施步骤与进度安排

推进省属开发型科研机构实行企业化转制工作，在省委、省政府领导下，由省科技厅会同省直有关部门共同组织实施。具体实施步骤如下：

（一）成立省科技体制改革协调小组，具体负责科研机构转制工作的组织、协调和指导，以及科研机构转制方案的审定、批复工作。省科技厅作为组长单位和行业行政主管部门，具体负责省科技体制改革协调小组的日常工作，并会同省财政厅负责省科技体制改革专项经费的管理和转制科研机构具体经费补助额度的审定与核拨。省科技体制改革协调小组成员单位要切实解决科研机构在转制过程中的具体困难，密切配合，特事特办。

（二）转制科研机构的主管厅局（总公司）应指定专门办事机构，审核所属科研机构的转制方案，并精心组织、具体实施，确保转制工作如期完成。

（三）转制科研机构根据有关政策和自身发展需要，拟定转制实施方案，经主管部门审定同意后报省科技厅审核，由省科技体制改革协调小组审批后，省科技厅及时核拨改革专项补助经费。

具体进度安排如下：

1. 2000年6月底完成有关科研机构转制方案的审定、批复。

2. 2000年12月底前有关科研机构完成转制工作，按企业管理体制

五、推进转制的科研机构

按照科技体制改革的总体要求和原则，近期重点推进以下科研机构实行企业化转制：

福建省光学技术研究所、福建省纺织工业研究院、福建省机械研究所、福州木工机床研究所、福建省轻工业研究所、福建省二轻工业研究所、福建省工艺美术研究院、福建省煤炭工业科学研究所、福建省粮油科学技术研究所、福建省冶金工业研究所、福建省化学工业科学技术研究所等13所省属开发型科研机构。

福建省人民政府办公厅转发省科技厅等部门关于深化省属科研机构管理体制改革若干意见的通知

闽政办〔2002〕116号

各市、县（区）人民政府，省政府各部门，各直属机构，各大企业，各高等院校：

为进一步深化我省科研机构管理体制改革，省科技厅等16个部门制定的《福建省深化省属科研机构管理体制改革的若干意见》已经省人民政府同意，现转发给你们，请认真贯彻执行。

福建省人民政府办公厅
2002年8月8日

福建省深化省属科研机构管理体制改革若干意见

（省科技厅、省经贸委、省计委、省改革开放办、省委编办、省财政厅、省劳动保障厅、省人事厅、省国土资源厅、省教育厅、省外经贸厅、省工商局、省质监局、省国税局、省地税局、福州海关 2002年7月10日）

为进一步深化我省科研机构管理体制改革，根据《国务院办公厅转发科技部等部门关于深化科研机构管理体制改革实施意见的通知》（国办发〔2000〕38号）和《国务院办公厅转发科技部等部门关于非营利性科研机构管理的若干意见（试行）的通知》（国办发〔2000〕78号）等精神，制定本意见。

一、改革的目标

按照实施科教兴省战略、加强科技创新、加速成果转化的要求，根据社会主义市场经济规律和科技自身发展规律，全面优化科技力量布局和科技资源配置；加快科研机构管理体制改革步伐，建立"开放、流动、竞争、协作"的管理和运行机制，使其适应市场需求，更好地为我省经济建设和社会发展服务；财政加大对科技的投入，新增的部分集中用于应由政府支持、亟需发展的领域和精干、高水平的重点科研机构。

二、改革的方向

（一）凡公益类研究和应用开发并存的科研机构，有面向市场能力的要向企业化转制。

（二）以提供公益性服务为主的科研机构，有面向市场能力的也要向企业化转制。

（三）主要从事应用基础研究或为社会提供公共服务，无法得到相应经济回报，确需政府支持的科研机构，仍作为事业单位，按非营利性机构运行和管理。其中具有面向市场能力的部分，也要向企业化转制，并逐步与原科研机构分离。按非营利性机构管理和运行的科研机构，要优化结构，分流人员，转变机制，重新核定编制。

（四）鼓励有条件的省属社会公益类科研机构向中介服务方向发展。

（五）鼓励具备条件的省属科研机构进入高等学校。

（六）鼓励其他科研机构与高等学校开展多种形式的合作。

（七）根据改革的目标和方向，结合科研机构的实际情况，积极探索其他形式的改革途径。

三、改革的政策

（一）省属社会公益类科研机构改革实行5年过渡，过渡期从"全省社会公益类科研机构改革总体方案"实施之日起计算。

（二）转制省属科研机构转制前的在编人员，凡符合男满55周岁、女满50周岁（工勤人员满45周岁），且工作年限满20年的；或工作年限满30年的，经本人申请，单位同意，报主管部门批准，可以提前退休，享受事业单位退休人员待遇。对转制前已办理离退休手续或符合提前退休条件办理退休手续的人员，经费由省财政负担。

（三）对于省属科研机构中符合提前退休条件的高级科技专家和确因工作需要的科研机构主要负责人（负责人须经职代会讨论通过），由所在单位同意，主管部门提出审核意见，经省人事厅、省科技厅、省财政厅和省劳动保障厅批准后，在过渡期内，可根据工作需要延期办理退休手续，享受转制前退休人员待遇。省属开发类科研机构延退人员在延期工作期间，经费原则上由所在单位承担，确有困难的，可向省财政厅申请补助。

（四）经省财政（国资）部门审核批准后，对转制省属科研机构的下列资产可以剥离或核销，不作为转制国有资产：（1）闲置资产调剂中，经批准无偿调拨出去的资产（有偿转让部分的转让收益计入企业资产）；（2）出售给职工的住房；（3）用于鼓励、奖励科技人员的政策性资金；（4）核实为报损、报废的资产；（5）列入财政补助结存和拨入专款结余中尚未支付用于人员方面的经费（如政府特殊津贴、院士津贴、副食补贴、博士后经费等）；（6）科研机构用于社会公益性或技术认证、质量监督等非生产性设施、设备。

（五）允许和鼓励技术、管理等生产要素参与收益分配。选择若干个条件比较成熟的科研机构，开展科研机构产权制度改革试点。成立试点工作小组，负责指导试点工作、审核科研机构试点方案、协调试点中的具体问题等。小组成员由省科技厅、省国资办、省改革开放办、省财政厅、省人事厅、省国土资源厅等部门组成。

（六）转制省属科研机构原行政划拨土地使用权处置的具体办法另定。

（七）原设在省属科研机构中，经国家或省确认的技术认证和质量、计量监督检验机构、分析测试机构等，需要保留作为事业单位的，经省科技厅、省财政厅、省人事厅、省质监局等部门审核后，由省委编办审批。

（八）按非营利性机构管理和运行的省属科研机构，要在人事制度、分配制度等方面进行改革，按照新的机制和管理制度运行，承担政府、企业和其他社会组织委托的任务，按有关规定为社会提供有偿服务，提高面向市场服务的能力，最终实现经营管理的社会化；主管部门要转变管理方式，变更直接领导为通过参加机构理事会参与重大问题决策。

（九）省财政对按非营利性机构管理和运行的省属科研机构加大投入力度。

（十）按非营利性机构管理和运行的省属科研机构暂执行科学事业单位的财务会计制度。其年度经费预算经主管部门审核汇总，报财政部门核定。

（十一）进入高等学校的省属社会公益类科研机构，其事业经费由省财政按同类高等学校经费标准予以核拨。

（十二）转为企业或进入企业的省属社会公益类科研机构，其职工养老保险仍执行现行国家有关政策。今后国家和省有新的规定，按新规定执行。

四、改革的组织实施

（一）在省政府领导下，由省科技厅牵头，会同有关部门做好科技体制改革工作。

（二）按照国家和省的改革精神，省属社会公益类科研机构制定本单位改革方案，经主管部门同意后报省科技厅，方案中涉及的编制按照《关于科研事业机构设置审批事项的通知》（中编办发〔1997〕14号）规定办理。改革方案由省科技厅会同省委编办、省改革开放办、省财政厅、省人事厅等审批。主管部门负责其所属科研机构改制方案的具体组织实施。

（三）市、县政府所属科研机构体制改革工作，由各市、县人民政府根据国家有关精神，参照本意见，制定适合各地情况的改革方案。

本意见中，除特指适用于省属社会公益类科研机构的条款外，其他的条款均适用于省属开发类科研机构。

福建省人民政府关于进一步支持省属科研机构加快创新发展的若干意见

闽政〔2013〕28号

各市、县（区）人民政府，平潭综合实验区管委会，省人民政府各部门、各直属机构，各大企业，各高等院校：

为推进省属科研机构改革创新，加快建立现代科研院所制度，营造更为宽松的发展环境，进一步提升省属科研机构的科技创新和成果转化能力，提出如下意见。

一、扩大科研机构管理自主权

（一）全面实行省属科研机构聘任制改革，将自然科学研究人员、农业技术人员、实验技术人员系列的专业技术职务评审权下放给省属科研机构，实行评聘合一。省属科研机构在科技人员专业技术职务基本任职条件的基础上，自主设定聘任条件，在核定的岗位结构比例内，自主聘任科技人员专业技术职务并发放聘任证书。省属科研机构科技人员专业技术职务聘任方案报省人事、各系列相应主管部门备案后实施。省属科研机构应遵循公开、公正、竞争、择优的原则，实行任职条件分类考评，省人事、各系列相应主管部门负责指导监督。

责任单位：省公务员局、科技厅、农业厅、教育厅，省属科研机构主管部门

（二）按照国家、省事业单位公开招聘人员和机构编制管理的有关规定，根据专业及岗位特点，省属科研机构及其主管部门自行组织公开招聘科研、实验室技术性岗位人员和科辅人员。省属科研机构根据专项科研或技术服务

需要，自主招聘编制外部分急需的专业技术人员和科辅人员，所需经费可从科研、技术服务项目经费中按有关规定列支。

责任单位：省公务员局、编办、财政厅，省属科研机构主管部门

（三）省属科研机构按照"精简、统一、高效"的原则，遵循科研规律与新时期的研究方向，合理设置行政、科研和辅助内设机构。因组织实施科研项目需设临时机构或项目组的，由省属科研机构自主设置。内设机构负责人，除按规定在任免前须征求主管部门意见的人员外，由省属科研机构自主选拔聘用。

责任单位：省编办、公务员局，省属科研机构主管部门

（四）支持省属科研机构自主开展对外合作交流。省属科研机构专业技术人员出国（境）参加科学技术交流活动的次数、天数，根据实际需要予以安排，出访所需经费由省属科研机构按照有关规定安排和管理。省属科研机构党政领导干部出国（境）参加学术交流活动，按照专业技术人员管理。

责任单位：省外办、财政厅，省属科研机构主管部门

二、创新科研组织模式

（五）鼓励支持有条件的省属科研机构围绕我省战略性新兴产业和高新技术产业，组建或与企业共建产业技术研发中心、产业技术创新战略联盟，增强产业应用技术创新能力。鼓励支持省属科研机构面向重点产业技术需求组建创新团队。优先支持创新团队承担省（部）级、国家级重大科研项目。鼓励省属科研机构的科技资源向社会开放，为中小企业技术创新提供支持和服务。

鼓励有条件的省属科研机构加强院（所）地共建，参与创新型城市、高新技术产业园区、特色产业基地、科技企业孵化器等建设。支持省属科研机构在有条件的市、县（区）设立分支机构或与当地科研院所合作设立创新载体。

鼓励省属科研机构牵头或参与建设国家和省级科技创新平台。省属科研机构的科技创新平台资源要与企业实现有效的对接共享，对开放共享的省级

以上公共科技创新平台给予补助。

责任单位：省科技厅、发展改革委、经贸委、财政厅，各市、县人民政府

（六）鼓励支持省属科研机构建立具有独立企业法人资格的科技成果转移中心，由其代表省属科研机构全权负责科技成果转化与推广工作，确保国有资产保值增值。科技成果转移中心取得的净收入，除按规定对成果转化团队发放奖金和报酬外，列入科技成果转移中心的发展资金，或支持省属科研机构自身发展建设。

责任单位：省财政厅，省属科研机构主管部门

三、支持科研人员创新创业

（七）改革省属科研机构科研评价和奖励制度，转变科研以论文、职称和获奖驱动为市场驱动，引导科研人员深入基层或企业积极开展科技创新创业活动，加速推进科研成果落地转化。

鼓励和支持科研人员在完成本职工作、不损害本单位利益的前提下，利用业余时间和自身科研技能深入基层或企业开展技术服务活动，取得报酬。利用本单位资料、设备和技术等科研资源或占用工作时间开展有偿服务的，由科研人员与本单位协议约定收益分配。

由省属科研机构委派到企业或基层开展科研服务的，委派期间，原工资、福利等待遇不变。委派时间一般不超过五年。单位因委派合作开发项目转化所得收益，可高于50%比例划归参与委派研发的科技人员及其团队拥有，主要完成人所占分配份额可高于50%，具体按照技术成果实际贡献大小进行收益分配。

责任单位：省科技厅、公务员局、地税局、国税局，省属科研机构主管部门

（八）鼓励省属科研机构及其科研人员自行创办或以技术入股兴办科技型企业。支持省属科研机构所属科技成果转化型企业进行股份制改造。职务成果经评估作价，可作为企业的注册资本，所占注册资本的比例最高可达

70%。职务成果完成人可以自行创办企业或以技术入股在本省产业化转化,其享有该科技成果在企业中收益的比例可高于50%。

责任单位:省科技厅、公务员局、地税局、国税局,省属科研机构主管部门

四、加强人才队伍建设

(九)将省属科研机构高层次人才纳入各级人才培养引进资助计划和建设项目,重点加强对高层次人才培养、紧缺人才引进、杰出人才的资助。省属科研机构引进科技人才的补贴、获科技成果奖的奖金以及科技成果转化的个人收益不计入单位绩效工资总量。单位配套的不超过主办单位奖励额度的奖金可申请追加绩效总量。

鼓励省属科研机构独立或联合设立研究生教学点、博士后站点。支持省属科研机构到海外招聘高层次科技人才,所属省级重点实验室主任或其他高级研究岗位可向海内外公开招聘。

责任单位:省委组织部,省公务员局、财政厅、科技厅

(十)在原岗位结构比例基础上,"十二五"期间增加省属科研机构高级专业技术岗位数5个百分点,并向优秀青年人才倾斜。对引进的国家"千人计划"、国家"外专千人计划"、省"百人计划"、省"外专百人计划"、省"高端外国专家团队引进计划"人选,省属科研机构可直接聘任特设岗位,不计入单位岗位结构比例。对引进的其他科技领军人才,省属科研机构可按规定申报聘任特设岗位,不计入单位岗位结构比例。对优秀科研人员可实行低职高聘,所补的待遇差额由单位自筹解决。

责任单位:省公务员局、财政厅,省属科研机构主管部门

五、强化科研条件保障

(十一)从2014年起,每年安排省属公益类科研院所基本科研专项4 000万元,用于稳定支持省属科研机构开展自主选题研究和科技创新平台

建设。基本科研专项由省科技厅会同省财政厅负责组织实施。

支持省属科研机构牵头组织或与企业联合申报各类科技计划项目。对省属科研机构符合福建省科技创新与成果转化专项资金、科技创新创业领军人才专项资金项目资助条件的，给予重点支持。

省属科研机构承担的横向科研课题，实行经费预算制和项目负责人制，具体实施办法由省属科研机构自行制定。

责任单位：省科技厅、财政厅

（十二）对符合条件的省属科研机构公共租赁住房项目纳入当地公共租赁住房建设计划，享受公共租赁住房相关优惠政策；对符合当地条件的省属科研机构住房困难科技人员，纳入当地保障性住房供应范畴。支持将省属科研机构引进人才纳入省人才限价商品房销售对象，帮助解决科技人才引进和职工住房困难。省属科研机构购买的商品房按照政府规定价格向职工出租，符合国家关于廉租住房和住房租赁有关税收政策规定的，免征收房产税、营业税。省属科研机构的危房改造纳入当地棚户区改造规划和年度计划，享受棚户区改造相应优惠政策。

责任单位：省住房和城乡建设厅、机关事务管理局、发展改革委、财政厅、地税局，省属科研机构所在地人民政府，省属科研机构主管部门省属其他科研事业单位可参照本意见执行。各设区市人民政府和平潭综合实验区管委会参照本意见，结合实际，制定支持本地科研机构加快发展的具体办法，整体提升科技创新能力，推动全省科学发展、跨越发展。

附件 1：福建省省属公益类科研机构名单

附件 2：福建省省属开发类科研机构名单

福建省人民政府
2013 年 7 月 1 日

附件1

福建省省属公益类科研机构名单

序号	单 位 名 称
1	福建省科学技术信息研究所
2	福建省测试技术研究所
3	福建省微生物研究所
4	福建海洋研究所
5	福建省武夷山生物研究所
6	福建省中医药研究院
7	福建省医学科学研究院
8	福建省林业科学研究院
9	福建省农业区划研究所
10	福建省热带作物科学研究所
11	福建省水产研究所
12	福建省淡水水产研究所
13	福建省闽东水产研究所
14	福建省水利水电科学研究院
15	福建省计量科学技术研究院
16	福建省标准化研究院
17	福建省体育科学研究所
18	福建省人口和计划生育科学技术研究所
19	福建省农业机械化研究所（福建省机械科学研究院）
20	福建省安全生产科学研究院
21	福建省环境科学研究院
22	厦门大学抗癌研究中心
23	福建师范大学地理研究所
24	福建省农业科学院农业经济与科技信息研究所
25	福建省农业科学院畜牧兽医研究所
26	福建省农业科学院水稻研究所
27	福建省农业科学院作物研究所
28	福建省农业科学院植物保护研究所
29	福建省农业科学院果树研究所
30	福建省农业科学院茶叶研究所
31	福建省农业科学院甘蔗研究所
32	福建省农业科学院土壤肥料研究所

(续表)

序号	单 位 名 称
33	福建省农业科学院农业工程技术研究所
34	福建省农业科学院中心实验室
35	福建省农业科学院生物技术研究所
36	福建省农业科学院农业生态研究所
37	福建省农业科学院农业生物资源研究所
38	福建省农业科学院食用菌研究所

附件2

福建省省属开发类科研机构名单

序号	单 位 名 称
1	福建省机械研究所
2	福州木工机床研究所
3	福建省电子技术研究所
4	福建省光学技术研究所
5	福建省交通科学技术研究所
6	福建省粮油科学技术研究所
7	福建省化学工业科学技术研究所
8	福建省煤炭工业科学研究所
9	福建省建筑材料工业科学研究所
10	福建省冶金工业研究所
11	福建省建筑科学研究院
12	福建省轻工业研究所
13	福建省纺织工业研究所
14	福建省二轻工业研究所
15	福建省工艺美术研究院
16	福建省亚热带园艺植物研究中心

福建省人民政府办公厅关于鼓励社会资本建设和发展新型研发机构若干措施的通知

闽政办〔2016〕145号

各市、县（区）人民政府，平潭综合实验区管委会，省人民政府各部门、各直属机构，各大企业，各高等院校：

为深入贯彻全国科技创新大会精神和《中共福建省委 福建省人民政府关于实施创新驱动发展战略建设创新型省份的决定》，鼓励支持社会资本参与建设和发展我省新型研发机构，提出如下措施。

一、机构类型

鼓励企业、高等院校、科研院所、产学研用创新联盟、行业协会、商会和投资机构等以产学研合作形式，在闽创办具有独立法人资格的新型研发机构。鼓励各级政府采取"院地合作""校地合作""政企合作"等形式，与国内外知名院校和大型企业在闽共建新型研发机构。

新型研发机构主要包括以下形式：

（一）企业类。主要从事技术研发、成果转化、技术服务、科技企业孵化等活动并在工商注册的新型研发机构。

（二）民办非企业类。在民政部门登记注册的新型研发机构。

（三）事业类。机构编制部门审批设立事业单位性质的新型研发机构。

二、申请条件

（一）在福建投资设立的，主要从事科学研究、技术研发、成果转化、创新创业与孵化育成，具备承担国家、省、市技术攻关项目能力，具有独立法人资格的科研实体；拥有一定的经济实力和较稳定的资金来源，主要办公和科研场所设在福建。

（二）具备进行研究、开发和试验所需要的仪器、装备和固定场地等基础设施，办公和科研场所不少于150平方米；拥有必要的测试、分析手段和工艺设备，且用于研究开发的仪器设备原值不低于150万元。

（三）具有稳定的研发经费来源，年度研究开发经费支出不低于年收入总额的10%，其中企业类的不低于6%。

（四）具有稳定的研发队伍，常驻研发人员占职工总人数比例达到20%以上，博士学位或高级职称以上人员占研发人员的5%以上。

（五）具有面向企业服务、围绕市场配置资源的新型管理体制和运行机制，建立现代科研机构管理制度、科研项目管理制度、科研经费财务会计核算制度。

三、支持措施

（一）新型研发机构独立或联合申报国家和省、市科技计划项目、产业开发专项、技术改造项目，同等条件下予以优先推荐或优先立项支持。新型研发机构同一年度申报相关省级科技计划项目数量不予限制。企业类新型研发机构优先进入"科技小巨人领军企业培育发展库"培育，并享受相关扶持政策。优先支持企业类新型研发机构申报高新技术企业、创新型企业、知识产权优势企业。

责任单位：省科技厅、发改委、经信委、财政厅、教育厅、国税局、地税局

（二）对新型研发机构建设发展项目用地，在年度用地计划指标中给予优先安排，及时审批。对为工业生产配套的新型研发机构项目用地，执行工业用地政策。

符合国家和省有关规定的非营利性科研机构自用的房产、土地，免征房产税、城镇土地使用税。按照房产税、城镇土地使用税条例、细则及相关规

定，属于重点扶持产业方向且符合困难减免税有关规定的，可向主管税务机关提出减免税申请，经核准，可给予减税或免税。

责任单位：省国土厅、住建厅、国税局、地税局，各设区市人民政府、平潭综合实验区管委会

（三）加大对新型研发机构财政支持力度，省和设区市财政对初创期新型研发机构每年度按非财政资金购入科研仪器、设备和软件购置经费25%的比例，给予最高不超过500万元的后补助。初创期一般为5年。

对于评价命名时已过初创期的新型研发机构，按照竞争择优原则，省和设区市财政对发展效益较好的研发机构，按近5年非财政资金购入科研仪器、设备和软件购置经费25%的比例，一次性给予最高不超过1 000万元的后补助。

以上后补助资金由省和设区市财政各按50%承担，省级所需经费纳入年度预算安排。

责任单位：省财政厅、科技厅，各设区市人民政府、平潭综合实验区管委会

（四）新型研发机构每引进国家"千人计划""万人计划"人才或入选省"海纳百川"高端人才聚集计划的，分别给予10万~300万元的补助；确认为省引进高层次人才（A、B、C三类）的，分别给予用人单位25万~200万元的安家补助，并纳入设区市（平潭综合实验区）或省直、中直单位引进高层次人才计划给予相关政策支持。聘任国际公认的三大世界最新排名均在前100名大学的博士毕业生的，一次性给予用人单位每人40万元补助。

责任单位：省人才办、人社厅、科技厅、教育厅，各设区市人民政府、平潭综合实验区管委会

（五）对符合条件的新型研发机构进口科研用仪器设备免征进口关税和进口环节增值税、消费税。对新型研发机构已享受进口免税的科研设施仪器，在符合监管条件的前提下，准予在本单位内用于其他单位的科技开发、科学研究和教学活动。

责任单位：省财政厅、福州海关、厦门海关

（六）支持新型研发机构产品加入国家节能产品、环境标志产品等政府

采购清单,享受相应优惠政策。对新型研发机构研发的经认定并且签订采购使用协议的福建省首台(套)重大技术装备,属于国内首台(套)的按不超过市场销售价格60%、属于省内首台(套)的按不超过市场销售价格30%对生产企业给予补助,用于生产企业研发费用补助和用户风险补偿,最高补助金额不超过500万元。

责任单位:省经信委、财政厅

(七)对创业投资机构投资新型研发机构的,省财政和所在地市、县(区)财政分别给予单个创业投资项目最高不超过项目实际投资额10%和15%比例的风险补助,省财政单个创业投资项目风险补助金额最高不超过200万元。市、县(区)财政单个创业投资项目风险补助限额自行确定。

责任单位:省财政厅、发改委,各设区市人民政府、平潭综合实验区管委会

(八)新型研发机构组建的国家重点实验室、工程实验室、工程(技术)研究中心、企业技术中心等国家级或省级科技研发创新平台,按照省政府关于加快高水平科技研发创新平台建设发展的六条措施予以奖励。

省级创新券专项资金优先支持新型研发机构购买科技创新服务,每年单个机构最高补助20万元。

新型研发机构获得国家检验检测资质的,省财政资金一次性奖励50万元,用于购置和修缮检验检测仪器设备。

责任单位:省科技厅、发改委、经信委、财政厅、教育厅、质监局

(九)新型研发机构的科技成果转化参照《福建省人民政府关于进一步促进科技成果转移转化的若干规定》有关政策执行。新型研发机构科研人员参与职称评审与岗位考核时,发明专利转化应用情况可折算论文指标,技术转让成交额可折算纵向课题指标。

责任单位:省财政厅、科技厅、人社厅、国资委、机关管理局

(十)鼓励高校、科研院所科研人员在征得所在单位同意后,可带项目和成果、保留基本待遇,离岗创办新型研发机构,或到新型研发机构工作。离岗创新创业期限以3年为一期,最多不超过两期。返回原单位时接续计算工龄,待遇和聘任岗位等级不降低。

责任单位：省人社厅、教育厅、科技厅

四、监督管理

（一）新型研发机构申报遵循自愿原则。省级科技行政部门组织开展新型研发机构的评价工作。经评价公布的新型研发机构享受本文规定的各项扶持措施。

（二）新型研发机构应每年向省级科技行政部门报告机构发展、科技创新活动和科技成果转化等情况。省级科技行政部门每三年对新型研发机构进行一次绩效测评，主要评估人才集聚、创新产出、技术辐射、成果转化效益以及自主发展能力等情况。测评不合格的，取消"省级新型研发机构"资格，不再享受相应政策扶持。

各地、各有关部门要结合实际，按照职责分工，加强指导，优化服务，确保各项措施落实到位。本措施自印发之日起施行。

福建省人民政府办公厅
2016 年 8 月 29 日

中央机构编制委员会办公室国家科学技术委员会关于科研事业单位机构设置审批事项的通知

中编办发〔1997〕14号

各省、自治区、直辖市,各副省级市机构编制委员会办公室、科学技术委员会及新疆生产建设兵团机构编制委员会办公室、科学技术委员会,中央、国务院各部委、直属机构人事编制部门:

按照国务院关于《"九五"期间深化科技体制改革的决定》(国发〔1996〕30号)的精神和中央办公厅、国务院办公厅《关于印发〈中央机构编制委员会关于事业单位机构改革若干问题的意见〉的通知》(中办发〔1996〕17号)中"科研、教育、文化、卫生、新闻出版等各类事业单位的机构设置、人员编制事宜,均按照分级管理的原则和权限,由各级机构编制部门统一审批"的规定,为进一步理顺科研机构设置的审批关系,解决好科研机构设置重复、力量分散、专业和人才结构不尽合理的状况,促进科技资源的优化配置和科研机构的合理布局,现将自然科学研究事业单位机构(以下简称科研机构)设置审批的有关事项通知如下:

一、中央和国务院各部门设立科研机构包括各类研究所、研究中心、开发中心、中外合资研究所等,由中央和国务院各部门提出申请,分别报送国家科委和中央编办。

国家科委提出审核意见后,报中央编办审批。

二、省级(含副省级市)各部门设立科研机构,由各部门分别报同级科委和编办。

科委审核后,报同级编办审批。厅局级科研机构的设立、变更,由省级编办会同科委审查提出意见,并经省政府或省编委审核同意后,分别报国家科委和中央编办。国家科委提出审核意见后,由中央编办报送中央编委审批。

三、地方其他各级设立科研机构,由各省、自治区、直辖市编办商同级科委,参照(一)、(二)条作出规定。

四、科研机构的变更(包括更名、合并、分设、改变隶属关系和撤销),由各级科委审核后报同级编办审批。

关于进一步完善科研事业单位机构设置审批的通知

中央编办发〔2014〕3号

按照党的十八届三中全会和中央关于分类推进事业单位改革、深化科技体制改革有关精神，为进一步完善自然科学研究事业单位（以下简称科研事业单位）机构设置审批，现就有关事项通知如下：

一、各地区各部门新设或调整所属科研事业单位，应贯彻落实中央关于严格控制事业单位机构编制的精神，坚持优化布局、科学论证和精简统一效能的原则。

二、中央和国家机关各部门申请设立或变更科研事业单位，经国务院科技主管部门会同有关部门组织评估并提出审核意见后，报中央机构编制部门按程序审批。具体评估办法由国务院科技主管部门另行制定。

三、地方设立或变更科研事业单位，其审批程序由省级机构编制部门商同级科技主管部门参照本通知有关要求作出规定。

四、按照中央关于逐步取消科研院所行政级别的要求，不再明确新设科研事业单位的行政级别。

五、严格控制科研事业单位冠"中国"等字头。除法律法规及党中央、国务院文件明确，或因特殊行业和特殊情况对外工作需要外，原则上不再批准科研事业单位冠"中国"等字头。地方不得批准设立冠"中国"等字头的科研事业单位。

六、严格控制设立或改建"研究院"。研究院一般在中央和省一级设立。设立研究院应在本研究领域处于国内领先地位，具有较大规模和影响力，在业内具有公认性，原则上一个研究领域只设一个。

七、不再批准设立从事生产经营活动的科研事业单位。

自本通知发布之日起,《关于科研事业单位机构设置审批事项的通知》(中央编办发〔1997〕14号)废止。

2014年1月26日

福建省人民政府办公厅转发省科技体制改革协调小组关于推进科研机构体制改革工作意见的通知

闽政办〔2007〕27号

各设区市人民政府，省人民政府各部门、各直属机构，各大企业，各高等院校：

现将省科技体制改革协调小组制定的《关于推进科研机构体制改革工作意见》转发给你们，请结合实际，认真贯彻落实。

福建省人民政府办公厅
二〇〇七年二月十五日

关于推进科研机构体制改革工作意见

科研机构是区域创新体系的重要组成部分，是行业产业领域技术开发的基地和重要源泉。为贯彻落实全省科技大会精神，积极、稳妥地推进全省科研院所改革，结合我省科技体制改革工作的实践与进程，经研究，提出以下工作意见。

一、指导思想

省委书记卢展工同志在去年9月召开的全省科学技术大会上，对继续推进全省科研机构体制改革作出重要指示,明确要求"继续深化科研机构改革,坚持因'所'制宜、分类指导、稳步推进,支持开发类科研机构以产权制度改革为核心,加快建立现代企业制度,形成一批有雄厚实力的应用技术研究开发基地;扶持社会公益类科研机构发展,加快建立现代院所制度,形成一批有特色优势的社会公益研究和前沿技术研究基地"。推进下一阶段的全省科研机构体制改革,要以科学发展观和构建和谐社会为指导,认真贯彻落实全省科学技术大会及卢展工书记的讲话精神,本着用好用足已有政策、加快深化科研机构改革的原则,始终坚持把发展作为改革的出发点和落脚点,着力推进科研院所在稳定中改革,在改革中发展,在发展中增强自主创新能力,充分发挥科研机构在建设区域创新体系中的骨干和引领作用,为建设海峡西岸经济区提供有力的技术支撑。

二、工作目标

"十一五"期间,要进一步深化科研院所管理体制改革。对于开发类科研机构,要加快企业化转制改革,充分发挥其在行业技术创新和高新技术产业化中的骨干作用;对于从事基础研究、前沿高技术研究和社会公益研究的科研机构,要加快推进分类改革,重点进行内部管理体制、运行机制、激励制度以及强化公共服务能力方面的改革,建立现代院所制度。2007年底以前,按照"因所制宜"的原则,省属开发类科研院所要完成企业化转制工作,省属公益类科研机构要明确改革定位与发展方向,初步建立起现代科研院所制度。

(一)省属开发类科研机构。实行企业化转制,可根据各自的实际情况与特点,或成建制转为自主运营的科技实体;或成立为社会提供技术服务的科技中介组织;或归并入其他企业,成为企业的技术开发中心;或进行产权制度改革,建立现代企业制度。

(二)省属公益类科研机构。实行分类改革,继续按非营利性机构管理和运行的科研机构,要优化结构,分流人员,推进人事、分配制度改革,加快建立起新型的面向经济和社会发展的现代科研院所运行机制;部分调整为区域性研究中心，有创收能力的可实行企业化管理，成为具有自我发展能力的区域性或行业性科技服务咨询机构或技术研发基地；鼓励向中介服务方向发展；有市场开发能力的要向企业化转制；有条件的可进入高校或与高校的相关研究机构联合共建，实现人员、设备和技术信息优势互补；根据改革的目标和方向，结合科研机构的实际情况，积极探索其他形式的改革途径。

（三）市、县、区属科研机构。由各市、县、区人民政府根据国家有关精神，参照本意见制定继续深化改革措施，并认真抓好组织实施。

三、近期重点任务

科技体制改革工作要贯彻落实《国务院关于实施〈国家中长期科学和技术发展规划纲要〉的若干配套政策》和省委、省政府的战略部署，充分利用一切有利科研机构改革与发展的自主创新政策资源，调动一切有利科研机构改革与发展的积极因素，加大政策配套完善工作，为继续深化科研机构体制改革创造良好的社会环境。

（一）加强政策引导，营造改革工作氛围。科研院所的改革与发展具有自身的特点和规律，要从推进科研机构自身的发展壮大，提高为产业集聚创新、发展服务的能力着手，围绕科研开发、资产处置、人员流动、社会保障、财政支持、税收优惠等重点、难点问题，研究制定继续深化省属科研机构体制改革工作的政策措施。当前首先要用好、用足已有改革政策，认真抓好国家和省有关科研机构体制改革的政策措施的贯彻落实。继续按闽政办〔2000〕91号、闽政办〔2002〕116号、闽政办〔2002〕178号和闽委办〔2005〕39号等文件精神，结合实际情况，推进改革深化。有关职能部门要本着"推动改革、促进发展"的原则，积极创造有利条件，贯彻落实既定体改政策，主动服务全省科技体制改革，推动科研机构持续、健康、稳定地发展。

（二）开展改革试点，探索改革工作模式。遵循科研事业发展规律，按照"因所制宜"的原则，在开发类和公益类科研机构中选择若干个代表性强的院所，作为"因所制宜"的改革试点，成熟一个，推动一个，为各类科研院所深化改革提供借鉴。试点科研院所在其自愿申请的基础上，综合考虑院所领导班子建设、经济基础、科研能力、行业带动等因素以及主管部门的改革意见、支持力度，选择开展试点。

（三）规范专项管理，激发改革工作活力。按照《福建省科技厅、福建省财政厅关于印发福建省科技体制改革专项经费使用管理暂行规定的通知》（闽科政〔2006〕68号）的要求，以体改专项合同的形式，加大体改专项经费扶持力度，引导和支持省属科研机构进一步深化体制改革，加快机制转化和制度创新，提升产业技术支撑服务水平。同时，加强对专项经费使用的监督管理，实行违约责任追究，督促科研机构如期履约，圆满完成体制改革相关工作任务。体改专项经费重点支持、优先安排以下工作：一是"因所制宜"改革试点科研院所开展试点工作；二是已实现企业化转制的开发类科研机构加强科研条件建设投入，科研成果转化、增强自身发展能力等方面的工作；三是改革方向明确的公益类科研机构推进分类改革步伐，加快结构调整、机制转变、队伍优化，建立现代化科研院所制度，以及有面向市场能力的院所向企业化转制等方面的工作。

（四）强化领导机制，构筑改革工作合力。省科技体制改革协调小组及成员单位要充分发挥指导、协调、服务的职能作用。省科技体制改革协调小组，具体负责科研机构改革工作的组织、协调和指导，以及科研机构改革方案的相关审定、批复工作。省科技厅作为组长单位，具体负责省科技体制改革协调小组的日常工作，并会同省财政厅负责省科技体制改革专项经费的管理和转制科研机构具体经费补助额度的审定和核拨。省科技体制改革协调小组成员单位组织定期会商，加强调查研究、政策宣传与协调，主动服务科研院所改革，密切配合协调解决科研机构在改革过程中遇到的具体困难，积极落实改革配套政策，简化办事环节，营造改革良好氛围。科研机构及其主管部门要认真履行组织实施改革的工作职责。科研机构主管部门具体负责组织、监督、指导实施所属科研机构体制改革工作，要根据国家和省推进科技体制改革的有关文件精神，充分考虑全省行业发展和产业集聚的需求，从发展壮大我省科研力量的角度出发，统筹、规划所属科研机构改革定位与模式，研究、审核科研机构体制改革工作方案，督促所属科研机构按期保质完成科研机构改革任务。科研机构要充分认识科技体制改革的重要意义，进一步增强责任感和紧迫感，按照促进发展、积极稳妥、因"所"制宜的原则，结合自身实际，及时研究确定改革方案，认真组织实施，通过改革不断增强自身发展能力和研发水平，真正发挥在区域创新体系建设的骨干和引领作用。

四、实施步骤

（一）试点申报。申报"因所制宜"改革试点的省属科研院所应于2007年3月15日之前将经主管部门审定同意的试点改革方案及体改专项经费申请材料报送省科技体制改革协调小组审核确定。被确定为试点的单位按照方案的要求，依有关程序履行改革中涉及的清产核资、资产评估、职工安置等单项审批和报备手续，并于2007年底按期保质完成体改工作任务。被确定为改革试点的公益类科研院所要明确提出改革的方向与定位，制定实施方案并报主管部门批准，初步建立起现代科研院所制度。

（二）确定方案。没有申报参加"因所制宜"改革试点的省属开发类科研机构应抓紧研究确定改革方案，经主管部门审核同意后，于2007年5月1日前报送省科技体制改革协调小组审定，并按有关文件规定履行改革单项报批手续，2007年底以前完成转制工作。省属公益类科研机构应加强调研，充分酝酿，组织论证，召开职代会，加强与主管部门沟通与协调，认真研究改革方向与定位，并于2007年底以前，提出明确的建立现代院所制度的改革方案，经主管部门审定后实施，并报省科技体制改革协调小组备案。

（三）过程检查。各实施改革的省属科研机构应当严格按照改革方案的总体要求和具体时限，认真组织实施。省科技体制改革协调小组将分阶段采取调研、不定期抽查或定期听取汇报的方式加强对科研机构改革进展情况的监督检查，及时查摆存在问题与不足，采取必要措施督促体改工作有序、高效地开展。科研机构主管部门要加强对所属科研机构改革工作的组织领导，并协助解决改革过程中出现的困难和问题。

（四）总结提高。2007年12月底以前，省属开发类科研机构必须完成企业注册登记，建立起企业化管理运行机构。公益类科研机构建立起改革目标考核责任制，并征得主管部门审核同意，初步建立起现代院所管理制度。省科技体制改革协调小组根据改革任务的部署，对科研院所的改革完成情况进行总结。对于未能如期保质完成体改工作任务的科研机构，省科技体制改革协调小组将依照《福建省科技体制改革专项经费使用管理暂行规定》和体改专项合同实行责任追究，并将具体情况书面上报省政府。

各市、县、区属科研机构体制改革工作，可结合本地实际情况，参照本意见，制订本地区的体改实施意见。

2007 年 2 月

关于加大对公益类科研机构稳定支持的若干意见

福建省科学技术厅　福建省财政厅
中共福建省委机构编制委员会办公室　福建省人事厅
闽科政〔2008〕39号

省直有关部门、有关直属机构,省属公益类科研院所:

为实施《福建省中长期科学和技术发展规划纲要(2006—2020年)》(以下简称《规划纲要》),进一步推进省属公益类科研机构管理体制改革,不断增强其科技创新能力和公益服务能力,根据《中共福建省委福建省人民政府关于增强自主创新能力推进海峡西岸经济区建设的决定》(闽委发〔2006〕21号)和《科技部、财政部、中央编办关于加大对公益类科研机构稳定支持的若干意见》(国科发政字〔2007〕765号)等精神,结合我省实际,制定本意见。

一、推进改革、稳定支持的意义与原则

1. 加强公益科研活动是贯彻落实科学发展观、加快推进以改善民生为重点的社会建设的重要举措。公益科研以向全社会提供公共技术和公益服务为主要任务,关系到国计民生和经济社会可持续发展,是《规划纲要》确定的重要科研领域。公益类科研机构是从事公益科研的骨干力量,推进改革并加大稳定支持力度,目的是增强其科技创新能力和公益服务能力,为其稳定服务于区域发展、持续增强能力以及集聚和培养高水平研究队伍提供保障。

2. 推进公益类科研机构改革,加大对其稳定支持力度,应坚持以下原则:一是坚持发展与改革相结合,进一步深化改革,完善体制机制,加快建

立现代科研院所制度;二是注重优化投入结构,在增加投入总量的同时,形成项目、基地、人才相协调的经费投入结构;三是鼓励有序竞争,充分调动科研机构和科技人员的积极性,牢固树立投身公益科研工作的奉献精神;四是加强创新绩效管理,引导科研机构增强科技创新和公益服务能力,不断提高管理水平。

二、稳定支持公益类科研机构改革与发展

3. 按照公益类科研机构的职责定位,进一步加大财政投入力度,建立稳定支持机制,大幅度提高公益类科研机构的创新和服务能力。结合推进公益类科研机构体制机制改革和创新绩效评价,逐步提高科研机构运行经费的保障水平,基本满足人员费、日常运行等基本开支的需求。参照中央财政科技投入管理分类,省设立"科研院所基本科研经费",主要用于支持省属公益类科研机构的优秀人才或团队开展自主选题研究,加大人才培养力度,提升科研水平。

4. 对公益类科研机构承担公益科研任务给予重点支持。根据《规划纲要》确定的主要研究领域,各级科技计划中的公益科研任务要优先委托符合条件的公益类科研机构承担;重大任务研究周期要适应任务需求,对高质量完成科研任务的机构应根据需要滚动支持。公益性行业科研专项经费要优先委托符合条件的公益类科研机构承担本行业应急性、培育性和基础性科研工作。结合公益类科研机构的改革与发展情况,通过科技计划稳定支持其承担长期性的重大公益科研任务。

5. 加大科研装备和基础设施投入。省级科技基础条件平台要建立重大仪器装备和设施等科技资源向社会开放共享的有效机制,增强公益类科研机构对科学数据信息、生物种质资源等战略性科技资源的保存和开发能力,以及面向社会开展检验检测、成果转化、人员培训等公益服务能力。主管部门要对公益类科研机构的基本建设给予重点支持,不断改善科研装备和基础设施。

6. 加强省级科研基地在公益科研领域的布局和建设。"十一五"期间,

在《规划纲要》确定的重点公益研究领域，重点实验室、工程技术研究中心等科研基地建设，要把公益类科研机构作为重点依托单位。

三、加快建立和完善现代科研院所制度

7. 加强对公益类科研机构的结构布局、职能定位的宏观管理和统筹协调。公益类科研机构要充分发挥行业技术优势，以解决社会发展重大科技问题为目标，制订明确的发展方向和发展规划；学科设置要突出应用导向，体现科技发展特点，大力加强新兴和交叉学科发展，适时调整，不断优化；研究组织设置要与公益科研特点相适应，重点克服小型化、分散化、短期化的问题，加强整体协作、力量集成和团队建设。

8. 完善院所长负责制。实行院所长负责制，建立健全科研机构重大事项决策机制和规章制度，提高科学管理水平。改革科研院所长任命办法，推行聘用制和任期制，有条件的要面向省内外公开招聘。选择一批涉及多领域、多行业、多管理层次的科研机构开展理事会管理制度试点，建立管理部门、科技专家和有关方面参与的重大事项决策机制，加强统筹协调与资源集成。建立和健全科学技术委员会和职工代表大会制度，充分发挥咨询和监督作用。

9. 深化人事与分配制度改革。全面实行聘用制和岗位管理，在核定编制内实行按需设岗、按岗聘用和竞争上岗；制订人员遴选和岗位聘用办法，具备条件的岗位由科研院所按有关规定面向省内外公开招聘，加大各类优秀人才引进力度。按照现行收入分配政策，建立符合公益科研特点、体现岗位与业绩的分配激励机制，收入分配向优秀人才和关键岗位倾斜；完善对做出突出贡献的科技人员的奖励制度。

10. 健全科研管理制度。公益类科研机构要对研究开发和技术服务的申报立项、组织实施、督促检查、验收评价、成果管理以及推广应用等实施全过程管理；建立和完善科研档案、科学数据和知识产权管理制度；建立与其他科研力量的联合协作、大型科研仪器设备共享等管理制度和规范。建立公益科研成果共享和扩散机制，向行业和社会推广应用科研成果。

11. 加强人才培养和人员交流。充分发挥科研院所基本科研经费在自主选题和人才培养等方面的重要作用，积极创造条件引进和大力培养科研领军人才。科技重大项目的组织实施，要与各类人才培养计划组织实施相结合，培养具有创新意识和创新能力的各类科研人才，重点包括具有国内外前沿水平的战略科学家、高级工程技术人才、学术带头人和中青年高级专家等尖子人才。加强与国内外相关机构的人才交流，通过建立访问学者、项目聘用等制度吸引外部优秀人才。

四、建立科研机构创新绩效评价机制

12. 建立科研机构年度报告制度。公益类科研机构每年初形成年度报告，反映上年度本机构的职责履行、科研活动、重要成果、服务业绩、人才培养和经费收支等情况，报送主管部门并抄送有关部门；同时形成公开版本通过网站等向社会发布，接受公众监督。

13. 探索建立科研机构创新绩效评价制度。研究制订公益类科研机构创新绩效评价指标体系和评价办法，重点评价其完成公益科研任务情况、科技创新能力情况、开展公益服务情况以及运行与管理情况等。评价结果作为科研机构加强创新和服务工作、有关部门对其调整投入强度、调整人员编制、承担公益科研任务等方面支持的重要依据。

二〇〇八年八月十五日